U0264781

基础生物化学实验

周　浩　赵玉红　编著

南开大学出版社

天　津

图书在版编目(CIP)数据

基础生物化学实验 / 周浩，赵玉红编著. —天津：
南开大学出版社，2018.12
ISBN 978-7-310-05729-0

Ⅰ.①基… Ⅱ.①周… ②赵… Ⅲ.①生物化学—化
学实验—高等学校—教材 Ⅳ.①Q5-33

中国版本图书馆 CIP 数据核字(2018)第 290759 号

南开大学出版社出版发行
出版人:刘运峰
地址:天津市南开区卫津路 94 号　　邮政编码:300071
营销部电话:(022)23508339　23500755
营销部传真:(022)23508542　　邮购部电话:(022)23502200
*
北京建宏印刷有限公司印刷
全国各地新华书店经销
*
2018 年 12 月第 1 版　　2018 年 12 月第 1 次印刷
230×170 毫米　16 开本　9 印张　73 千字
定价:28.00 元

如遇图书印装质量问题,请与本社营销部联系调换,电话:(022)23507125

内容提要

　　本书立足经典，结合学科发展前沿，精选了 11 个生物化学实验。实验内容主要涵盖蛋白质、核酸等生物大分子的制备、分离纯化、分析检测等，涉及离心、电泳、分光光度、层析等多项常用的生物化学技术与方法。每个实验言简意赅地介绍相关背景知识及其原理，描述实验操作步骤，并有针对性地指出实验中的注意事项，提出有价值的思考题。附录"常见生化仪器的使用及其注意事项"图文并茂、形象直观。每个实验既相对独立、完整，基本可在 4 学时内完成，有些又可以组合成一个综合实验，可根据课时灵活安排。

　　本书可供高等院校非生物类专业的本科生作为实验课教材。

前　言

　　现代生命科学领域的许多研究成果和重大发现几乎都与生物化学技术、方法有关。生物化学不仅是分子生物学、遗传学、细胞生物学等众多生物学科的重要研究技术手段，近年来更是随着自身基础理论的不断夯实和研究方法的拓展，与其他学科领域的交叉渗透日增月益。尤其是医学和药学，由于自身研究对象和研究方法的特点，与生物化学更是有着密切联系。

　　作为一门实验性很强的学科，"基础生物化学实验"是非生物类专业学生涉猎生命科学领域的一门重要基础前导课。根据非生物类专业学生的理论基础、基本实验技能和人才培养方向等与生物类专业学生的不同，我们编写了本书，以供其学习和参考。

　　本书编写侧重于加强非生物类专业学生基本生物化学实验技能的训练，使其了解与生物相关的基本研究方法和实验设计思路。在此基础上，为使非生物类专业学生能够将自身的专业知识与生命科学知识多角度、多层次地进行关联和整合，在传统、经典内容基础上，引入学科发展前沿的技术与方法，并着重在背景知识、课后思考题以及参考文献中，体现这种学科间的交叉、渗透与融合，引导学生融会贯通、举一反三。

本书编写过程中得到了许多同事的帮助。感谢南开大学生命科学学院赵立青教授和南开大学化学学院李伯平高级工程师的帮助，感谢基础生物化学实验课程组同事们的支持。本书的出版得到南开大学生命科学学院和生物国家级实验教学示范中心的经费资助，在此表示衷心感谢。

如若本书尚有不足之处，恳请广大读者批评、指正。

作   者

2018 年 10 月于南开大学

目　录

实验一　酵母蛋白质的制备

【实验目的和要求】

1. 了解生物大分子制备的一般过程；

2. 掌握从酵母细胞中分离制备蛋白质的方法；

3. 学习高速冷冻离心机的使用；

4. 学习酶标仪的使用。

【实验背景和原理】

1. 背景知识

　　生物大分子是组成生命体系的基本元件，包括蛋白质（含酶）、核酸、多糖等。在自然科学，尤其是生命科学高度发展的今天，蛋白质、酶和核酸等生物大分子的结构与功能的研究是探求生命奥秘的中心课题，而生物大分子结构与功能的研究，必须首先解决生物大分子的制备问题，没有达到足够纯度的生物大分子，结构与功能的研究就无从谈起。

生物大分子制备的主要特点：①生物材料的组成极其复杂，常常包含有数百种乃至几千种化合物，有的生物大分子在分离过程中还在不断地代谢。所以生物大分子的制备需根据不同的实验材料，选择适宜的制备方法；②许多生物大分子在生物材料中的含量较低；③许多生物大分子一旦离开生物体内的环境时极易失活，因此在分离制备过程中如何防止其失活是关键。

生物大分子制备的一般思路：①材料的选择和预处理；②破碎细胞；③提取；④分离纯化；⑤干燥与保存。选材时应尽量选择新鲜、含量高、来源丰富、成本低的材料。由于不同的生物体或同一生物体的不同部位的组织，细胞膜（壁）组成不同，破碎细胞时应根据材料选择合适的方法。常见的破碎细胞方法有：机械法（如研磨和组织捣碎）、物理法（如反复冻融和超声）、化学与生物化学方法（如酶法、有机溶剂处理和碱处理）等。提取时应使被分离的生物大分子充分地释放到提取溶剂中，并尽可能保持温和的条件，譬如合适的缓冲体系、避免过酸或过碱引起其构象变化、合适的温度以避免酶对生物大分子的降解等，保证其结构及活性不受影响。根据制备生物大分子的理化性质（溶解度、分子大小、带电性质等），选择合适的分离纯化方法，如根据蛋白质溶解度不同，可采用盐析、等电点沉淀、有机溶剂沉淀等方法；根据蛋白质带电性质不同，可采用电泳、离子交换层析等方法。制备的生物大分子一般要求低温保存，常见的有 4℃、-20℃、-80℃和液氮，在一定时间内可保持生物大分子的生物活性。

对于生命体，蛋白质（protein）是体现基因功能和表现机体生理特征的执行者。蛋白质是由 20 种 α-氨基酸通过肽键相互连接而成的一类具有特定空间构象和生物活性的高分子有机化合物，其分子表面带有许多可解离的基团，如氨基、羧基等，因此是两性电解质。溶液中蛋白质的带电情况与它所处环境的 pH 有关，在某一 pH 值，蛋白质分子所带的正电荷数与负电荷数相等，即静电荷为零，此时溶液的 pH 值即为该蛋白质的等电点。蛋白质在等电点时，溶解度最小，易形成沉淀。

$$P\diagdown^{NH_3^+}_{COOH} \underset{OH^-}{\overset{H^+}{\rightleftharpoons}} P\diagdown^{NH_3^+}_{COO^-} \underset{OH^-}{\overset{H^+}{\rightleftharpoons}} P\diagdown^{NH_2}_{COO^-}$$

正离子   负离子

（P代表不包括链端氨基和羧基在内的蛋白质大分子）

蛋白质含量检测是生命科学研究中非常重要的一项分析技术，而 BCA 法是目前应用较为广泛的检测方法之一。

BCA 法检测蛋白质含量的基本原理是：BCA（2,2－

联喹啉—4,4－二甲酸二钠）与硫酸铜等组成的试剂，混合一起即 BCA 工作试剂。在碱性条件下，蛋白将 Cu^{2+} 还原为 Cu^+，Cu^+ 与 BCA 试剂形成紫色络合物。测定其在 562 nm 处的吸收值，并与标准曲线对比，可测得待测蛋白样品的浓度。其优点在于受表面活性剂影响小，但缺点是易受金属离子螯合剂、还原剂干扰而影响检测结果。

不同的蛋白质含量检测方法各有优缺点，在选择时应考虑：①测定所需的灵敏度和精确度；②蛋白质的性质；③溶液中存在的干扰物质。

2. 实验原理

酵母是单细胞微生物，由细胞壁、细胞膜、细胞核、细胞质、液泡等组成。用氢氧化钠破坏酵母细胞壁，然后离心，获得的上清液中含有核蛋白。核蛋白是一类结合蛋白，它的辅基是核酸。调节上清液的 pH 至核蛋白的等电点，将产生大量的沉淀，离心收集沉淀物即可获得蛋白质粗制品。通过不同的检测方法，计算核蛋白的粗提率。

【实验材料】

1. 材料

市售酵母粉。

2. 试剂

（1）5 % NaOH：5 g NaOH 溶于 100 mL 水。

（2）6 mol/L HCl：50 mL 浓盐酸用水稀释至 100 mL。

3. 主要仪器及耗材

高速冷冻离心机、干燥箱、天平、100 mL 烧杯、50 mL 量筒、滴管、广泛 pH 试纸、玻璃棒、定性滤纸、酶标仪、96 孔板等。

【实验步骤】

1. 称取约 5 g（准确记录称取的精确数值）酵母粉，置于 100 mL 烧杯中，加入 40 mL 5 % NaOH，37℃水浴，搅拌提取 30 min。

2. 8000 rpm，4℃，离心 10 min，用滴管将上层清液转移至一个 50 mL 的烧杯中。

3. 加入 6 mol/L HCl，调节溶液 pH 至 3.0 左右。

4. 8000 rpm，4℃，离心 10 min，轻轻倒掉上层清液，沉淀物即获得的蛋白质粗制品。

5. 通过不同的检测方法，计算核蛋白的粗提率。

方法 I　干湿重法

1. 将获得的蛋白粗制品沉淀转到滤纸上，干燥箱内干燥后称重；

2. 根据公式，计算核蛋白的粗提率。

$$蛋白质的提取率 = \frac{沉淀干重 - 滤纸干重}{酵母质量} \times 100\%$$

方法 II　BCA 法

参照 BCA 蛋白定量试剂盒：

1. 配制 BCA 工作液：根据样品数量，将 BCA 试剂和 Cu 试剂按 50:1 配制适量的 BCA 工作液，充分混匀。

2. 稀释标准品：按表 1-1 稀释 BSA 标准品（每孔 20 μL，每一浓度做 3 个平行实验）。

表 1-1　不同浓度 BSA 标准品的配制

编号	BSA（5 mg/mL）体积 (μL)	PBS 体积 (μL)	BSA 终浓度 (mg/mL)
1	0	20	0
2	2	18	0.5
3	4	16	1.0
4	6	14	1.5
5	8	12	2.0
6	12	8	3.0
7	16	4	4.0
8	20	0	5.0

3. 蛋白样品溶于 10 mL PBS，8000 rpm，4℃，离心 10 min。取上清液，按表 1-2 用 PBS 分别做 10 倍、20 倍稀释，充分混匀。

表 1-2　蛋白样品稀释

编号	蛋白上清体积(μL)	PBS 体积(μL)	稀释倍数
1	10	90	10
2	5	95	20

4. 分别取 20 μL 不同浓度的 BSA 标准液和稀释后的样品到 96 孔板中，每组样品做 3 个平行实验。

5. 每孔加入 200 μL BCA 工作液，充分混匀，37℃反应 20 min。

6. 用酶标仪于 562 nm 处检测各孔吸光度。

7. 以 BSA 含量为横坐标，吸光度为纵坐标，绘制标准曲线，计算核蛋白样品浓度及其粗提率。

【注意事项】

1. 6 mol/L 的 HCl 浓度较高，挥发性较强，使用时需注意安全，如不慎溅到皮肤上，立即用大量清水冲洗。

2. 离心前，将离心管配平，对称放置。

3. BCA 工作液配制前，将 BCA 试剂摇晃混匀，溶液在 24 h 内稳定。

4. 为使实验结果精确，实验中必须规范使用移液器，确保加样体积准确。

【思考题】

1. 本实验采用的破壁方法及其原理是什么？

2. 本实验采用的蛋白质分离纯化方法及其原理是什么？

3. 对待测蛋白样品做多个稀释梯度的目的是什么？

【参考文献】

1. 于自然，黄熙泰，李翠凤.生物化学习题及实验技术．化学工业出版社，2008，239.

2．石振华，周悦寒，常彦忠．生物大分子的类型．生物学通报，2010，45（1）：16-17.

3．梁玮，王美霞，刘宝林．低温保存对生物样本及其生物大分子的影响．中国生物医学工程学报，2017，6（5）：615-621.

4．韩富亮，袁春龙，郭安鹊等．二喹啉甲酸法（BCA）分析蛋白多肽的原理、影响因素和优点．食品与发酵工业，2014，40（11）：202-207.

实验二　多酚氧化酶的制备和性质研究

【实验目的和要求】

1. 了解植物组织褐变和多酚氧化酶的关系；

2. 学习从组织细胞中制备酶的方法；

3. 掌握多酚氧化酶的化学性质；

4. 进一步巩固高速冷冻离心机的使用。

【实验背景和原理】

1. 背景知识

　　生活中，我们经常会遇到果蔬褐变的现象，譬如苹果、土豆等去皮或是切开稍加放置后，切口面的颜色就会由浅变深，最后变成深褐色。褐变有酶促褐变和非酶促褐变两种，经研究发现，多酚氧化酶（Polyphenol Oxidase，PPO）是引起植物组织酶促褐变的一类重要的酶。

　　正常条件下，植物组织中的内源性多酚物质和多酚氧化酶分布在正常组织的不同部位，彼此被质膜隔离开。但当组织结构受到机械损伤等破坏后，多酚氧化酶和多酚类底物释放，在有氧气条件下，发生酶促反应，即多酚氧化酶催化组织中的酚脱氢生成醌，醌类物质聚合形成黑色或褐色色素沉淀，从而引起果蔬褐变。

多酚氧化酶是一种含铜的酶，广泛存在于植物体（如苹果、马铃薯、豆类、茶叶、烟草等）的各种器官或组织中，其最适 pH 为 6～7，最适底物是邻苯二酚（儿茶酚）。由多酚氧化酶催化的反应（以邻苯二酚为底物），可用下式表示：

邻苯二酚　　　　　　　　　　　　　　邻苯醌

由多酚氧化酶催化的氧化－还原反应可以通过溶液颜色的变化来鉴定。此外，间苯二酚和对苯二酚与邻苯二酚的结构相似，也可以被氧化为相应的醌类化合物。

由于多酚氧化酶是引起果蔬酶促褐变的主要酶类，因此在工业生产中，可根据实际需要，运用多种技术手段，钝化或激发该酶活性。

2. 实验原理

酶的分离纯化：选取多酚氧化酶含量丰富的新鲜材料，

加入含有非竞争性抑制剂——氟化钠的预冷提取液，经机械破壁处理，使组织内的多酚氧化酶充分释放。通过盐析法沉淀酶粗提物，离心，去上清，所得沉淀溶于缓冲液，再次离心，获得的上清即为酶的粗提液。

其中盐析法沉淀蛋白的原理是：高浓度的盐离子破坏蛋白质表面的水化膜，同时中和蛋白质表面所带电荷，导致蛋白质聚集而从溶液中析出。析出的蛋白质仍保持其天然活性，并可再度溶解而不变性。

酶促反应：许多因素都影响酶的催化活性，如温度、pH、底物浓度、酶浓度等。要研究某一因素对于酶催化反应的影响，应在仅被研究的因素变化，而其他实验条件不变的情况下，测定它对酶促反应速度的影响。

【实验材料】

1. 材料

新鲜土豆。

2. 试剂

（1）0.1 mol/L 氟化钠溶液：将 4.2 g 氟化钠（NaF）溶于 1 L 水中。

（2）0.05 mol/L 柠檬酸缓冲液（pH 4.8）：9.66 g 柠檬酸和 15.88 g 柠檬酸钠溶在 1 L 水中。

（3）饱和硫酸铵溶液：称取 767 g 硫酸铵固体，边搅拌边加入 1 L 水中，具体视室温而定，至硫酸铵固体不再溶解。

（4）0.01 mol/L 邻苯二酚：将 1.1 g 的邻苯二酚溶解于 1 L 水，用 1 % NaOH 调节 pH 至 6.0。新鲜配制，并储存于棕色瓶中；

（5）0.01 mol/L 对苯二酚和 0.01 mol/L 间苯二酚：配制方法同（4）。

3. 主要仪器及耗材

高速组织捣碎机、高速冷冻离心机、天平、25 mL 量筒、滴管、试管及试管架、水浴锅、纱布等。

【实验步骤】

1. 多酚氧化酶的制备

（1）将土豆洗净、削皮，称取 100 g 土豆，立即加入 100 mL 预冷的氟化钠溶液，放入高速组织捣碎机，匀浆至无肉眼可见的块状。

（2）将匀浆物用 6 层纱布过滤。

（3）取 15～20 mL 土豆滤液，置于 50 mL 离心管，加入等体积的饱和硫酸铵溶液，颠倒混匀，4℃静置 30 min，可见有白色沉淀产生。

（4）8000 rpm，4℃，离心 10 min，去上清。

（5）将沉淀物加入 15 mL 柠檬酸缓冲液溶解，8000 rpm，4℃，离心 10 min，所得上清即为酶的粗提液。

2. 多酚氧化酶的性质

（1）多酚氧化酶催化的反应

①取 3 支干净的试管，分别编号 1、2、3。

②按下面的要求分别制备各管：

管 1：加 15 滴酶粗提液和 15 滴邻苯二酚溶液，混匀。

管 2：加 15 滴酶粗提液和 15 滴水，混匀。

管 3：加 15 滴邻苯二酚和 15 滴水，混匀。

③将上述 3 支试管置于 37℃水浴保温，每隔 5 min 振荡试管，观察各管中溶液颜色的变化，记录在表 2-1，共反应 25 min。

表 2-1　管中溶液颜色变化记录表

反应时间（min）	管 1	管 2	管 3
0			
5			
10			
15			
20			
25			

（2）多酚氧化酶的底物专一性

①取 3 支干净的试管，分别编号 1′、2′、3′。

②按下面的要求分别制备各管：

管 1′：加 15 滴酶粗提液和 15 滴邻苯二酚溶液，混匀。

管 2′：加 15 滴酶粗提液和 15 滴间苯二酚溶液，混匀。

管 3′：加 15 滴酶粗提液和 15 滴对苯二酚溶液，混匀。

③将上述三支试管置于 37℃水浴保温，每隔 5 min 振荡试管，观察各管中溶液颜色的变化，记录在表 2-2，共反应 15 min。使用符号"+""++"等表示每管中溶液的颜色深浅，即表示酶的活性。

表 2-2　管中溶液颜色变化记录表

底物	酶活性		
	5 min	10 min	15 min
邻苯二酚			
间苯二酚			
对苯二酚			

【注意事项】

1. 土豆匀浆液应为浅黄色，若为红棕色，应重新取材匀浆。

2. NaF 对环境具有一定的毒害，因此盐析、离心后含

NaF 的上清液要倒入无机废液桶，回收处理。

【思考题】

1. 酶是一种生物催化剂，为获得有活性的酶，应注意哪些因素？本实验中采取了哪些方法？

2. 在对土豆进行匀浆时，提取液中加入 NaF 的作用是什么？NaF 溶液为什么要预冷？

3. 在多酚氧化酶制备过程中，加入硫酸铵的目的是什么？

4. 为什么土豆滤液为红棕色时，应重新取材匀浆？

【参考文献】

1. 于自然，黄熙泰，李翠风. 生物化学习题及实验技术. 化学工业出版社，2008，249-250.

2. 曹少谦，刘亮，杨震峰等. 几种抑制剂对水蜜桃多酚氧化酶的抑制效应. 中国食品学报，2014，14（7）：144-149.

3. 刘芳，赵金红，朱明慧等. 多酚氧化酶结构及褐变机理研究进展. 食品研究与开发，2015，36（6）：113-118.

实验三　质粒 DNA 的提取

【实验目的和要求】

1. 学习和掌握质粒 DNA 分离提取的原理和方法；
2. 学习和掌握移液器、台式高速离心机的使用。

【实验背景和原理】

大肠杆菌（*E.coli*，学名大肠埃希氏菌）是人和许多动物肠道中最主要且数量最多的一种细菌，属于原核生物。

什么是质粒？质粒（Plasmid）是染色体外能够自主复制的一个遗传因子，多为环状 DNA，主要发现于细菌、真菌细胞中。

质粒有三种构型（见图 3-1）：①共价闭合环状 DNA（covalently close circular DNA，ccc DNA），两条链保持完整的环状结构，通常呈超螺旋状态；②开环 DNA（open circular DNA，oc DNA），双链中的一条保持完整的环状结构，另一条单链上有一到几个切口；③线状 DNA，这种质

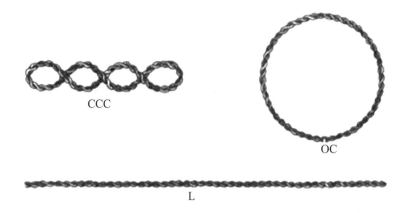

CCC

OC

L

图 3-1   质粒的三种构型

粒的双链都断裂呈线状。在细胞内，处于非复制状态的质粒 DNA 大都以超螺旋状态存在。ccc DNA、oc DNA 和线状 DNA 具有不同的性质，如在高温和 pH 条件下，ccc DNA 不易变性，而 oc DNA 和线状 DNA 则会发挥不可逆变性。

　　质粒是重组 DNA 技术中常用的载体，因此质粒 DNA 的提取技术是生物学研究中的一项基础技术。传统的提取方法有碱裂解法、煮沸法、酚—氯仿裂解法等，目前科研实验室用的比较多的是试剂盒法。本文将重点介绍碱裂解法和试剂盒法两种提取质粒 DNA 的原理和方法。

方法 I 碱裂解法

【实验原理】

提取质粒 DNA 时需要去除的物质有蛋白质、基因组 DNA、RNA、脂类及其他小分子杂质等。

用十二烷基硫酸钠（简称 SDS）和 NaOH 处理大肠杆菌，细胞裂解并释放全部内容物。高 pH 值的环境下，线性的染色体 DNA 变性（即双链 DNA 变成单链 DNA），质粒 DNA 虽然也发生氢键断裂，但两条互补链仍缠绕在一起。当在溶液体系中加入 pH 4.8 的乙酸钾溶液时，溶液 pH 值恢复至中性，质粒 DNA 迅速复性，而染色体 DNA 则由于变性，在高浓度的盐溶液中，与 SDS 形成的蛋白沉淀一起被共沉淀。离心，收集含质粒的上清，加入 2 倍体积预冷的无水乙醇，即可将质粒 DNA 沉淀出来。

碱裂解法提取质粒的常规试剂有溶液 I、溶液 II 和溶液 III。

①溶液 I 中葡萄糖的作用是增加黏度，分散菌体细胞。Tris 起缓冲作用，稳定溶液体系的 pH。乙二胺四乙酸（简称 EDTA）则螯合金属离子，抑制 DNase，防止 DNA 降解。

②溶液 II 中的 NaOH 裂解细胞壁和细胞膜。SDS 作为

表面活性剂，溶解细胞膜上的脂类，破壁。

③溶液Ⅲ中的乙酸，中和 NaOH，从而使质粒 DNA 复性。钾离子置换 SDS 中的钠离子形成不溶性的十二烷基硫酸钾（简称 PDS）。SDS 专门喜欢和蛋白质结合，钾钠离子置换所产生的大量沉淀将绝大部分蛋白质沉淀。基因组 DNA 太长，长链状的 DNA 被 PDS 给共沉淀。

其他试剂，苯酚和氯仿的作用是使蛋白质进一步变性，并有助于水相和有机相的分离。由于平衡酚 pH 为 7.8，且密度大，可使 DNA 处于上层水相中。少量的异戊醇可消除抽提过程中出现的泡沫。无水乙醇可以除去 DNA 水化层，使 DNA 沉淀且较易干燥。

【实验材料】

1. 材料

含有 pCMV-Myc 质粒载体的 DH5α 大肠杆菌，该质粒带有氨苄青霉素抗性，示意图如图 3-2。

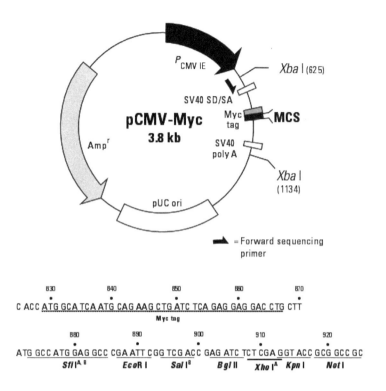

图 3-2　pCMV-Myc 质粒示意图

2. 试剂

（1）LB 培养基：1 %蛋白胨，0.5 %酵母粉，1 % NaCl，调节 pH 至 7.2。如需配制固体培养基，加入 1.5 %琼脂。

（2）溶液 Ⅰ：25 mol/L Tris-HCl，pH 8.0，50 mol/L 葡萄糖，10 mol/L EDTA。高压灭菌后，4℃保存。

（3）溶液 Ⅱ：1 % SDS，0.2 mol/L NaOH，现用现配。

（4）溶液 Ⅲ：60 mL 5M 乙酸钾，11.5 mL 冰乙酸，

28.5 mL 水。

（5）酚：氯仿：异戊醇=25：24：1。

（6）TE 溶液：10 mol/L Tris-HCl，pH 8.0，1 mol/L EDTA。

（7）RNase A、无水乙醇等。

3. 主要仪器及耗材：台式高速离心机、移液器、枪头、1.5 mL 离心管等。

【实验步骤】

1. 取 3 mL 在 LB 培养基中过夜培养的菌液，12000 rpm，离心 1 min，尽可能去除培养液，收集菌体。

2. 加 100 μL 的溶液 I（含 50 μg/mL 的 RNase A），充分悬浮菌体。

3. 加 200 μL 新鲜配制的溶液 II，快速、轻柔颠倒离心管数次，室温静置不超过 5 min。

4. 加 150 μL 溶液 III，快速、轻柔颠倒离心管数次，室温静置约 2 min。

5. 12000 rpm 离心 5 min，上清转移至新管。

6. 加入等体积的酚/氯仿/异戊醇，颠倒混匀，12000 rpm 离心 2 min，上清转移至新管。

7. 加 2 倍体积的无水乙醇，混匀，室温静置 5 min。

8. 12000 rpm 离心 5 min，去除上清，收集质粒 DNA。

9. 加 1 mL 70%乙醇洗涤沉淀，12000 rpm 离心 2 min，去除上清，吹风机冷风吹至乙醇挥发或通风橱内风干。

10. 将获得的质粒 DNA 溶解于 20 μL TE 溶液，-20℃保存。

【注意事项】

1. 为使实验效果明显，显著提高实验的成功率，本实验采用了在菌体内拷贝数较高的 pCMV-Myc 质粒。

2. 为消除 RNA 对质粒 DNA 的污染，在溶液 I 中加入了 RNase A，在质粒提取过程中即可进行 RNA 的消化。

3. 酚/氯仿/异戊醇静置一段时间后会分层，使用时取下层液。同时，酚具有很强的腐蚀性，可引起灼伤，应带手套、在通风橱内操作。

【思考题】

1. 溶液 I、II、III 的作用各是什么？

2. 乙醇沉淀质粒 DNA 的作用机理是什么？

3. 未提取到质粒或是质粒得率较低的原因可能是什么？

方法 II　试剂盒法

参照质粒 DNA 小量试剂盒说明书。

【实验原理】

采用改进的 SDS 碱裂解法，结合 DNA 制备膜选择性地吸附 DNA 的方法，达到快速纯化质粒 DNA 的目的。

【实验材料】

1. 材料

Axy Prep 质粒 DNA 小量试剂盒。

2. 试剂

（1）Buffer S1：细菌悬浮液，含 RNase A。

（2）Buffer S2：细菌裂解液，含 SDS 和 NaOH。

（3）Buffer S3：中和液。

（4）Buffer W1：洗涤液，去除蛋白质等杂质。

（5）Buffer W2：含乙醇，去除高盐。

（6）Eluent：洗脱液。

3. 主要仪器及耗材

台式高速离心机、移液器、枪头盒、1.5 mL 离心管。

【实验步骤】

1. 质粒 DNA 的提取

（1）取 3 mL 在 LB 培养基中过夜培养的菌液 12000 rpm，离心 1 min，弃上清。

（2）加 250 μL Buffer S1，充分悬浮细菌沉淀，直至无肉眼可见的菌块。

（3）加 250 μL Buffer S2，温和、充分地上下翻转 4～6 次，使菌体充分裂解，直至形成透亮的溶液，室温静置不超过 5 min。

（4）加 250 μL Buffer S3，温和、充分地上下翻转混合 6～8 次，12000 rpm，离心 10 min。

（5）将上清液转移到制备管，置于 2 mL 离心管，12000 rpm，离心 1 min，弃滤液。

（6）将制备管置回离心管，加 500 μL Buffer W1，12000 rpm，离心 1 min，弃滤液。

（7）将制备管置回离心管，加 700 μL Buffer W2，12000 rpm，离心 1 min，弃滤液。以同样的方法再用 700 μL Buffer W2 洗涤一次，弃滤液。

（8）将制备管置回 2 mL 离心管中，12000 rpm，离心 1 min。

（9）将制备管移入新的 1.5 mL 离心管中，在制备管膜中央加入 60 μL 65℃预热的洗脱液，室温静置 1 min，12000 rpm，离心 1 min，-20℃保存。

2. 超微量分光光度计检测质粒 DNA

以洗脱液作为空白对照，利用 Nanodrop 2000 超微量分光光度计检测提取的质粒 DNA 样品浓度，并根据 A_{260}/A_{280} 的比值判断质粒纯度，A 为吸光度。

【注意事项】

1. 使用前，确保 RNase A 完全加入到 Buffer S1 中，4℃存放。RNase A 浓度为 50 mg/mL，室温可贮存 6 个月，长期贮存于-20℃。

2. 使用前，确保 Buffer W2 中加入指定体积的无水乙醇。

3. 使用前，检查 Buffer S2 是否出现沉淀？若出现沉淀，应置于 37℃溶解，并冷却至室温后再使用。

4. Buffer S2、Buffer S3 和 Buffer W1 含刺激性化合物，操作时要戴乳胶手套和眼镜，避免沾染皮肤、眼睛和衣服，谨防吸入口鼻。若沾染皮肤、眼睛时，要立即用大量清水或生理盐水冲洗。

5. 裂解菌体操作很关键，注意：①加入 Buffer S1 应充分悬浮菌体，不应该有菌块残留；②加入 Buffer S2 后应立即盖紧瓶盖，避免空气中的 CO_2 中和 Buffer S2 中的 NaOH，降低溶菌效率。同时避免剧烈振荡，并且该步骤不宜超过 5 min，否则将导致基因组 DNA 的污染；③加入 Buffer S3 后，避免剧烈振荡，否则亦将导致基因组 DNA 的污染。

【思考题】

1. 试剂盒中 Buffer S1、Buffer S2、Buffer S3 和碱裂解法中溶液Ⅰ、Ⅱ、Ⅲ的作用有何异同之处？试推测 Buffer S1、Buffer S2、Buffer S3 三种溶液的成分？

2. 试推测吸附柱纯化质粒 DNA 的原理？

【参考文献】

1. 刘忠湘，缪军，王宪锋等. QIAGEN 质粒 DNA 纯化柱的再生利用. 第四军医大学学报，2000，21（7）：203-204.

2. 刘传青，向玲娟，黄娟等. 硅基质膜吸附柱对质粒 DNA 再吸附能力的研究. 化学与生物工程，2014，31（3）：53-56.

3. 李亮，柳方方，宛煜嵩等. 基于色谱法的超螺旋质粒 DNA 纯化与分析进展. 分析测试学报，2014，33（9）：1089-1094.

实验四　琼脂糖电泳法分离酶切质粒 DNA

【实验目的和要求】

1. 学习琼脂糖凝胶电泳分离质粒 DNA 的原理和方法；
2. 掌握重组质粒 DNA 的酶切鉴定方法。

【实验背景和原理】

1. 背景知识

　　电泳（electrophoresis）是带电颗粒在电场作用下向着与其电荷相反的电极移动的现象。

　　琼脂糖（Agarose）是一种线性多糖聚合物，由半乳糖及其衍生物构成的中性物质，本身不带电荷。一般加热至熔点以上融化，冷却后可形成半固体状的凝胶。凝胶内具有刚性的滤孔，凝胶孔径大小取决于琼脂糖的浓度。琼脂糖透明无紫外吸收，因此目前多用琼脂糖为电泳支持物进行平板电泳。

　　琼脂糖凝胶电泳是分离、纯化、鉴定 DNA 的常用实验技术。琼脂糖凝胶电泳对 DNA 的分离作用取决于 DNA 分子的大小、DNA 分子构型、琼脂糖凝胶的浓度、电场强度等。一般来讲，①迁移速度与分子量的对数成反比，因此分子量越大，迁移速度越小；②在分子量相当的情况下，不同构型的 DNA 迁移速度不同，比如对于质粒 DNA 来说，迁移速度从大到小为：共价闭合环状 DNA（ccc DNA）＞线性 DNA＞开环 DNA（oc DNA）；③琼脂糖浓度浓度越低，凝胶孔径就越大，能被分离的 DNA 就越大，因此可用 0.1 %～0.2 %的低浓度凝胶分离很大的 DNA 分子，但是这种凝胶很脆，容易破裂。不同的琼脂糖浓度，可以分离不同大小范围的 DNA（见表 4-1），目前分离 DNA 常用的琼脂糖凝胶浓度在 1 %左右。

表 4-1　不同浓度琼脂糖分离 DNA 片段的范围

琼脂糖浓度（%）	线性 DNA 片段的有效 分离范围（Kb）
0.5	1～30
0.7	0.8～12
1.0	0.5～10
1.2	0.4～7
1.5	0.2～3

限制性内切核酸酶（restriction enzyme）是一类识别

DNA 上 3～8 个特定核苷酸序列并产生切割反应的内切核酸酶（endonuclease）的总称，可在特定位点切开 DNA。质粒作为重组 DNA 技术中常用的载体，含有多个限制性内切酶识别位点的多克隆位点序列。限制性内切酶在克隆位点序列处对质粒 DNA 进行切割，使共价闭合环状 DNA 形成线性 DNA。

2. 实验原理

DNA 为碱性物质，在电泳缓冲液（pH 为 8.0）中带负电荷，在外加电场作用下向正极泳动。本实验中，pCMV-Myc 质粒带有一个 EcoR I 酶切位点，在 EcoR I 酶作用下，可被切割成一条完整线性 DNA。不同构型的 DNA 在琼脂糖凝胶中电泳时，由于电荷效应和分子筛效应，DNA 电泳的迁移率不同，从而达到分离的目的。电泳结束，观察凝胶中经酶切与未经酶切的质粒 DNA，参考 DNA 分子量标准参照物，估算酶切后 DNA 片段的大小，鉴定酶切效果。

琼脂糖凝胶电泳中的电泳缓冲液发挥着两个重要作用：①维持合适的 pH。一个好的缓冲系统应有较强的缓冲能力，使溶液两极的 pH 保持基本不变；②使溶液具有一定的导电性，以利于 DNA 分子的迁移。例如，一般电泳缓冲液中应含有 0.01～0.04 mol/L 的 Na^+，Na^+ 的浓度太低时电泳速度变慢；太高时就会造成过大的电流使胶发热甚至熔化。

在对 DNA 进行鉴定时，利用核酸染料观察凝胶中的 DNA，常用的核酸染料包括溴化乙锭（ethidium bromide，EB）和 Gel Red。其中，①EB 是一种高度灵敏的荧光染料，能与双链 DNA 结合，在紫外线激发下，发出橙红色荧光，常用于观察凝胶中的 DNA。但是由于 EB 可嵌入到核酸双链的配对碱基之间，导致错配，因而也是强诱变剂，具有强致癌性；②Gel Red 是一种新型的聚次甲基染料，不能穿透细胞膜，但可以与游离的 DNA 高效结合，是一种低毒性的核酸染料，其灵敏度与 EB 相当，但安全性却远远大于后者，目前被广泛使用。

DNA 分子量标准参照物（简称 DNA Marker）是由已知长度的 DNA 片段所组成，可用于估算未知 DNA 片段的大小，也可用于 DNA 的定性与定量分析。

【实验材料】

1. 材料

提取的 pCMV-Myc 质粒。

2. 试剂

（1）50×TAE：242 g Tris，57.1 mL 冰醋酸，37.2 g

$Na_2EDTA \cdot 2H_2O$，加水至 1 L，pH 约 8.5。用时稀释成 1×。

（2）快速限制性内切酶 EcoR I、琼脂糖、1 Kb DNA Marker、Gel Red（10000×）。

3. 主要仪器及耗材

凝胶成像系统、水平电泳槽、电泳仪、移液器、微波炉、100 mL 三角瓶等。

【实验步骤】

1. 质粒 DNA 的快速单酶切

按照表 4-2 配制 25 μL 的酶切体系，37℃，温育 15 min。通过单酶切，鉴定所提取的质粒 DNA，进而判断其质量。

表 4-2　质粒 DNA 的酶切体系

质粒 DNA	2 μL（约 500 ng）
Buffer	2.5 μL
ddH$_2$O	19.5 μL
Fast Digest EcoR I	1 μL

2. 琼脂糖凝胶电泳

（1）制胶。以 1×TAE buffer 配制 1 %琼脂糖凝胶 30 mL，加热使琼脂糖融化。待温度冷却至 60℃～70℃左右，加入 3 μL Gel red，摇匀，倒入已插好加样梳的制胶槽中，待其凝固。

（2）加样。小心拔取加样梳，将底托连同琼脂糖凝胶一起放入电泳槽。倒入 1×TAE 电泳缓冲液，至少没过胶面2 mm。将酶切后的质粒 DNA、未做酶切的质粒 DNA（阴性对照），各取 18 μL，加入 2 μL 10×loading buffer，混匀并上样。Marker 上样量为 6 μL。

（3）电泳。接通电源，稳压 80 V，电场强度在 1～5 V/cm，电泳约 60 min。注意观察电泳前沿。

（4）当染料距离凝胶前沿约 1 cm 处，停止电泳。取出凝胶，置于 VDS 凝胶成像系统，扫描成像，保存并拷贝图片。

【注意事项】

1. 将琼脂糖加入电泳缓冲液中，加热至完全溶解，注意不是加水溶解！且加热后盛放琼脂糖器皿的温度很高，小心不要被烫伤。

2. 电泳缓冲液要没过胶面至少 2 mm。

3. DNA 需与上样缓冲液（loading buffer）混匀后，方能上样。上样缓冲液中主要成分有甘油、电泳指示剂（常见的有溴酚蓝）等，①甘油比重大，确保 DNA 均匀下沉至加样孔内；②溴酚蓝在电泳中形成肉眼可见的指示带，用于观察电泳进度，另一方面使样品有颜色，易于加样。

4. EB 属于强致癌剂，若在实验中使用到，一定要戴手套操作，注意防护。

5. 酶切体系配制好后，要吹吸混匀并离心。

【思考题】

1. 影响琼脂糖凝胶电泳对 DNA 分离作用的因素主要有哪些？

2. 造成 DNA 条带模糊、拖尾的因素可能有哪些？

3. 造成质粒 DNA 酶切效果不佳的因素可能有哪些？

【参考文献】

1. 李小菊，韩际宏，石建党.分子生物学实验教程. 高等教育出版社，2015，83-92.

2. 金磊.酶切法鉴定质粒的亚型. 生物学通报，2015，50（1）：48-49.

3. 赵玉红，李欣，崔建林等. 质粒 DNA 提取及电泳检测实验改革. 实验技术与管理，2017，34（3）：35-38.

实验五　维生素 C 的定量测定

【实验目的和要求】

1. 学习维生素 C 的性质和生理功能；

2. 学习从生物样品中提取维生素 C 的一般方法；

3. 学习维生素 C 定量测定的原理和方法。

方法 I　2，6—D 滴定法

【实验背景和原理】

1. 背景知识

　　维生素 C（Vitamin C）是具有 6 个碳原子的酸性多羟基化合物，是人体的一种必需营养素，广泛存在于新鲜的水果、蔬菜中。由于缺乏维生素 C 会导致坏血病，因而维生素 C 又名抗坏血酸。

　　维生素 C 分子中含有烯醇式结构，因而具有很强的还原性，易氧化失去两个氢原子转变成脱氢抗坏血酸。维生素 C 在酸性溶液中较为稳定，受光、热、铜、铁氧化分解，在中性或碱性溶液中易被破坏。此外，植物组织中含有抗坏血酸氧化酶，能催化维生素 C 的氧化，所以蔬菜和水果等若储存过久，其中维生素 C 可遭到部分破坏，而使其营养价值降低。在烹调食物时若不注意上述情况，食物中的维生素 C 也很容易被破坏而损失。

L－型的维生素 C 脱氢后加水，形成 2，3－二酮古洛酸，它没有生理活性，也不能再转变为有活性的形式，这种水合作用在中性或碱性溶液中可自发进行。维生素 C 的氧化往往意味着它的生理活性的丢失。

维生素 C 具有很多的生理功能，如：①胶原是人体组织细胞、牙龈、血管等发育修复的重要物质，维生素 C 缺乏则导致胶原蛋白的合成障碍—坏血病；②促进酪氨酸和色氨酸的代谢，延长肌体寿命；③改善铁、钙和叶酸的利用；④改善脂肪和类脂特别是胆固醇的代谢，预防心血管疾病；⑤促进牙齿和骨骼的生长，防止牙床出血；⑥增强肌体对外界环境的抗应激能力和免疫力等。但是，虽然维生素 C 对人体如此不可或缺，但摄入过量也会产生一些副作用，对人体造成伤害。

2. 实验原理

染料 2，6－二氯酚靛酚 （2，6－Dichloropheno lindophenol，DPI，简称 2，6－D）分子中的酮基可以接受氢离子，接受的氢离子在一定条件下也可以脱去，因而可以作为一种氧化还原指示剂。在酸性环境中氧化型 2,6－D 呈红色（在中性或碱性溶液中呈蓝色），被还原后变为无色。

本实验提供的 2,6－D 试剂溶解在弱碱性溶液中，因此呈蓝色。当用 2,6－D 滴定含有维生素 C 的酸性溶液时，在维生素 C 尚未完全被氧化时，滴下的 2,6－D 会立即被还原为无色；当维生素 C 全部被氧化时，则滴下的 2,6－D 不再被还原，溶液呈红色。在滴定过程中，当溶液从无色转变为微红色时，表示维生素 C 刚刚全部被氧化，此时即为滴定的终点。根据滴定消耗的 2,6－D 溶液体积，可以计算出被测定样品中维生素 C 的含量。

2，6－D 除可被维生素 C 还原外，也可被其他还原剂还原，但在酸性条件下，其他还原物质的还原作用进行地很慢，且维生素 C 在酸性条件下比较稳定，故选用稀酸作为提取溶剂。

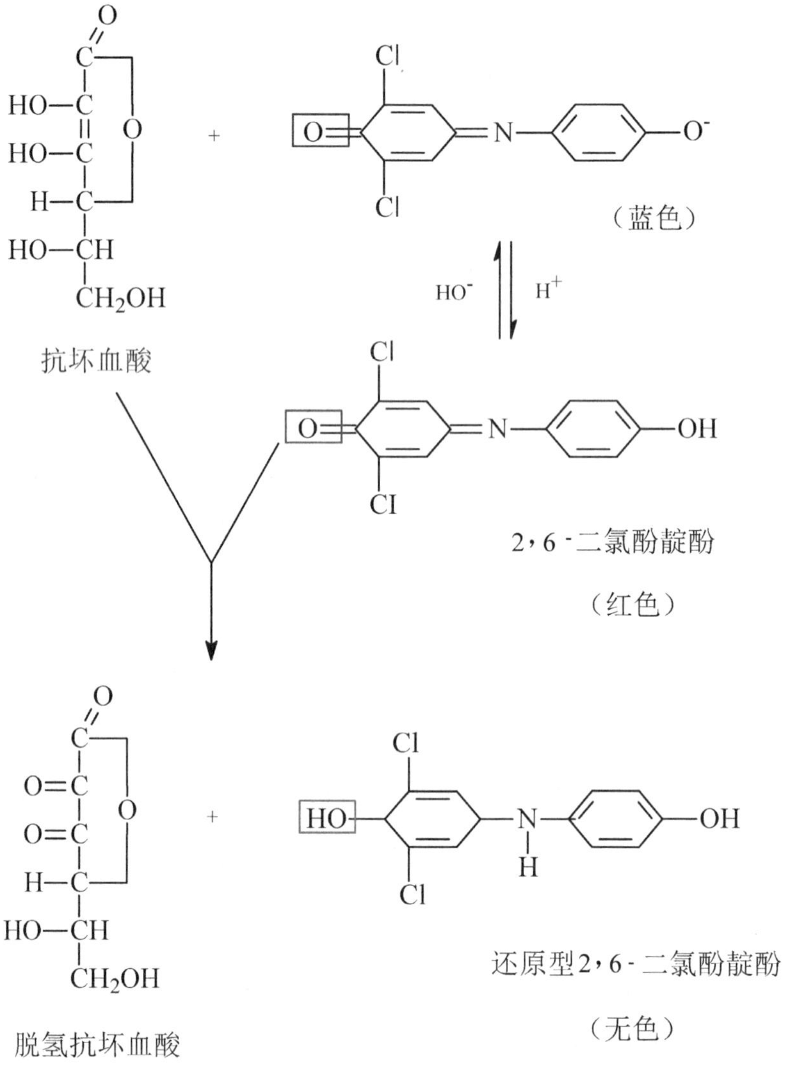
抗坏血酸
（蓝色）
HO⁻
H⁺
2，6-二氯酚靛酚
（红色）
脱氢抗坏血酸
还原型2，6-二氯酚靛酚
（无色）

【实验材料】

1. 材料

新鲜水果，如猕猴桃等。

2. 试剂

（1）2% 草酸：将 2 g 草酸溶于 100 mL 水中。

（2）2，6－二氯酚靛酚钠（0.01 mol/L）：称取 2 g 的 2，6－二氯酚靛酚钠溶于大约 800 mL 含有 208 mg 碳酸氢钠的热水中，冷却后定容至 1000 mL。此为 10×母液，用时稀释 10 倍。

（3）标准维生素 C 溶液：将 0.176 g 维生素 C 溶于 1000 mL 2%草酸溶液。

3. 主要仪器及耗材

研钵、50 mL 容量瓶、漏斗、25 mL 量筒、碱式滴定管、铁架台、滤纸、100 mL 三角瓶、5 mL 移液管等。

【实验步骤】

1. 维生素 C 的提取

（1）称取约 2.0 g 猕猴桃或是自带的任意水果（注意记录取材部位和称取的精确数值），放入研钵中。加入 5 mL 2%的草酸，研磨成浆状。

（2）将浆状物转移至一个 50 mL 的容量瓶内，以 5～

10 mL 的 2 %的草酸洗研钵 3 次，洗出液转移至容量瓶内，以 2 %的草酸定容至 50 mL，滤纸过滤，所得滤液即为维生素 C 的粗提液。

2. 维生素 C 含量的检测

（1）2，6－D 的标定。取 5 mL 0.001 mol/L 的标准维生素 C 溶液，加入一个 50 mL 三角瓶内，用 2，6－D 滴定至浅红色，30 秒不褪色，记录消耗的 2，6－D 体积。重复三次，根据 2，6－D 的消耗量计算其真实浓度。

（2）样品中维生素 C 的滴定。取 5 mL 维生素 C 滤液，加入一个 50 mL 三角瓶内，以标定好的 2，6－D 滴定至浅红色，30 秒不褪色，记录消耗的 2，6－D 体积。重复三次。

（3）空白对照的滴定。取 5 mL 2 %草酸，加入一个 50 mL 三角瓶内，以标定好的 2，6－D 滴定至浅红色，30 秒不褪色，记录消耗的 2，6－D 体积。重复三次。

3. 结果计算

$$100 \text{ mg样品所含维生素C的毫克数} = \frac{B \times (A-E) \times F}{C \times D} \times 100$$

式中：

A－滴定样品提取液所用的 2，6－D 的平均 mL 数；

E－滴空白对照所用的 2，6－D 的平均 mL 数；

B－提取液总体积；

$C-$ 一次滴定所用的提取液的毫升数；

$D-$ 被测定样品所称取的重量；

$F-1$ mL 0.001mol/L 的 2，6－D 相当于维生素 C 的毫克数。

【注意事项】

1. 在做 2，6－D 标定、样品滴定、空白滴定的重复性实验时，三次平行实验的数值应该接近。若实验结果相差较大，应重新滴定。

2. 配制 2，6－D 溶液时，可在约 60℃水浴中加热，促进其充分溶解。配制好的 2，6－D 母液 4℃、避光保存，可稳定一周。

【思考题】

1. 为准确测得维生素 C 的含量，实验中应注意哪些操作？

2. 为何要用 2％草酸做空白对照，其滴定终点如何判定？

3. 为什么维生素 C 标准溶液要新鲜配制？

方法 II 高效液相色谱法

【实验背景和原理】

1. 背景知识

高效液相色谱(High Performance Liquid Chromatography，简称 HPLC)，又称高压液相色谱。其工作原理是：以液体为流动相，采用高压输液系统，试样中各组分经过固定相时，由于与固定相吸附作用的大小不同，在固定相中滞留时间不同，从而先后从固定相中流出，进入检测器进行检测，实现对试样的分析。

HPLC 系统一般由输液泵、进样器、排气阀、色谱柱、检测器、数据处理系统等部分组成，如图 5-1 所示。

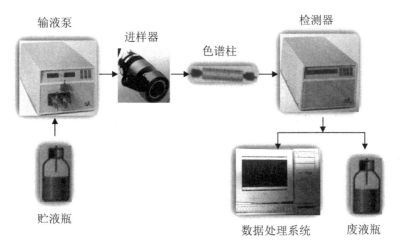

输液泵　进样器　色谱柱　检测器

贮液瓶　数据处理系统　废液瓶

图 5-1　HPLC 系统

高效液相色谱法中常见的基本概念和术语：

①色谱图（chromatogram）。被分离组分的检测信号随时间分布的图像。横坐标为时间，纵坐标为检测器的响应信号（见图 5-2）。

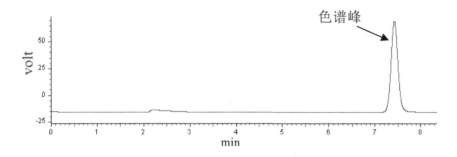

图 5-2 高效液相色谱图

②基线（base line）。在实验条件下，当没有组分即仅流动相进入检测器时的流出曲线，平行于时间轴。

③色谱峰（peak）。组分流经检测器时响应的连续信号产生的曲线，正常色谱峰近似于对称性正态分布曲线。

④峰面积（peak area，A）。峰与峰底所包围的面积。

⑤保留时间（retention time，tR）。从进样开始到某个组分在柱后出现浓度极大值的时间。在相同的色谱条件下，同一种物质的出峰时间是一样的，因此可以通过分析物的保留时间对分析物进行定性分析。

方法学研究中的几个重要概念及其意义：

①精密度。检验方法多次测定是否能够得到相同的结果。考察方法，通过重复性实验来确定，主要包括仪器精密度（多次进样查看偏差）和方法精密度（多次测定同一供试样品）的检验。RSD 应小于 2 %。

②准确度。检验测得结果与实际量之间是否一致。考察方法，通过回收率实验来确定。回收率一般应在95%～105 %，RSD 小于 2 %。

③线性。在线性范围内，测得峰面积与被测物质的量是否能够呈线性关系。考察方法，通过标准曲线，计算线性相关系数。一般 R 值在 0.999 以上才算线性关系良好。

高效液相色谱作为一种非常重要的分离分析技术，因其具有高灵敏度、高精确度以及极好的重现性等优点，被用于一系列生命科学研究领域的重大课题中。

2. 实验原理

以 0.1 %草酸为流动相，C18 柱（以十八烷基硅烷键合硅胶为填充剂）为固定相，维生素 C 粗提液中的各组分在流经色谱柱时，由于各组分极性不一样，在柱中滞留时间不同，出峰时间不同，进而达到分离的目的。

那么，如何检测维生素 C 的含量？

首先，对维生素 C 进行定性分析，即确定哪一个峰是维生素 C 的色谱峰。根据相同的色谱条件下，同一种物质的保留时间是一样的，利用测定维生素 C 标准品的保留时间，来确定相对应待测样品中维生素 C 的色谱峰。

其次，对维生素 C 进行定量分析。配制一系列浓度的维生素 C 标准品工作液，依次进样，记录色谱峰及峰面积响应值。以维生素 C 浓度为横坐标，相对应的峰面积 S 为纵坐标，建立标准工作曲线。根据待测样品中维生素 C 的峰面积大小，可计算得出维生素 C 的含量。

【实验材料】

1. 材料

新鲜水果，如猕猴桃等。

2. 试剂

（1）2 % 草酸：将 2 g 草酸溶于 100 mL 水中。

（2）0.1 %草酸：将 0.1 g 草酸溶于 100 mL 水中。

（3）dd H_2O。

3. 主要仪器及耗材：高效液相色谱仪（配紫外检测器）、超声脱气仪、抽滤装置、0.45 μm 滤膜、进样针、研钵、50 mL 容量瓶、漏斗、25 mL 量筒、滤纸、电子天平等。

【实验步骤】

1. 样品前处理

（1）称取约 2.00 g 猕猴桃或是自带的任意水果（注意记录取材部位和称取的精确数值），放入研钵中。加入 5 mL 2 %的草酸，研磨成浆状。

（2）将浆状物转移至一个 50 mL 的容量瓶内，以 5～10 mL 的 2 %的草酸洗研钵 3 次，洗出液转移至容量瓶内，最后以 2 %的草酸定容至 50 mL，滤纸过滤，所得滤液即为维生素 C（Vc）的粗提液。

（3）维生素 C 粗提液经 0.45 μm 滤膜过滤，供 HPLC 分析用。

2. 维生素 C 标准溶液的制备

精确称取 0.01 g Vc 标准品，置于 10 mL 容量瓶中，加 10 mL 0.1 %草酸溶解，制得质量浓度为 1 mg/mL 的 Vc 标准储备液。分别吸取一定量的 Vc 标准储备液，用 0.1 %的草酸溶液稀释制得质量浓度分别为 5μg/mL、25μg/mL、50μg/mL、80μg/mL、100 μg/mL 的标准工作液，0.45 μm 滤膜过滤，备用。Vc 标准储备液及工作液现用现配。

3. 色谱条件

色谱柱：C18 柱（250 mm×4.6 mm）；

流动相：0.1 %草酸；

流速：1 mL/min；

检测波长：255 nm；

上样量：20 μL。

4. 方法学考察

（1）仪器精密度实验

将 100 μg/mL 的标准 Vc 溶液，进样 3 次，计算 RSD 值。

（2）回收率和方法精密度实验

向称取的猕猴桃样品中分别加入 1 mg、2 mg、3 mg 的 Vc 标准对照品，然后按照实验方法 1 处理样品 3 份，每个浓度作 3 个平行，计算 Vc 的加标回收率和 RSD 值。

（3）稳定性实验

100 μg/mL 的标准 Vc 溶液，室温下避光放置，每隔 2 h 取样，进样检测。

【注意事项】

1. 上样前，样品需经 0.45 μm 滤膜过滤，除去微粒杂质。

2. 流动相的 pH 值需在色谱柱的适用范围内，使用前必须经 0.45 μm 滤膜抽滤、超声脱气处理。

3. 为使得标准曲线的线性关系良好，配制一系列浓度的标准 Vc 溶液时，移液一定要精准。

4. 为准确测得 Vc 的含量，Vc 的色谱峰须是一个相对独立的峰，且成对称性正态分布，否则需重新摸索色谱条件。

【思考题】

1. 为准确测得 Vc 的含量，实验时要注意哪些操作步骤？

2. 如若粗提液中 Vc 的浓度不在标准曲线范围内，应如何解决？

3. 需要获得哪些有用的数据信息用以支撑所测得结果的科学有效？

【参考文献】

1. 于自然，黄熙泰，李翠风. 生物化学习题及实验技术. 化学工业出版社，2008，263-264.

2. 赵玉红，李欣，崔建林等.维生素 C 含量检测实验的改革. 实验技术与管理，2016，33（6）：63-65.

3. 宁德生，梁小燕，方宏. 高效液相色谱法对罗汉果中 Vc 含量的检测. 食品科学，2010，31（20）：311-313.

4. 陈沛金，颜治，涂小珂等.高效液相色谱法测定化妆品中的维生素 C 及其衍生物. 色谱，2015，33（7）：771-776.

实验六　胰蛋白酶米氏常数的测定

【实验目的和要求】

1. 掌握用滴定法测胰蛋白酶的米氏常数；

2. 掌握双倒数作图法计算 K_m 和 V_{max}。

【实验背景和原理】

1. 背景知识

　　1913 年，德国化学家 Michaelis 和 Menten 根据中间产物学说对酶促反应的动力学进行研究，推导出了表示整个反应中底物浓度和反应速度关系的著名公式，称为米氏方程。

$$[E]+[S] \longleftrightarrow [ES] \longleftrightarrow P+[E]$$

$$V = \frac{V_{max}[S]}{K_m+[S]}$$

　　式中：$[E]$ 为游离酶浓度；$[S]$ 为底物浓度；$[ES]$ 为酶与底物结合的中间络合物浓度；P 为产物浓度。V 为酶促反应速度；V_{max} 为酶促反应最大速度；$[S]$为底物浓度；K_m为米氏常数。

在酶促反应中，在低浓度底物情况下，反应相对于底物是一级反应；而当底物浓度处于中间范围时，反应相对于底物是混合级反应；当底物浓度增加时，反应向零级反应过渡。当底物浓度非常大时，反应速度接近于一个恒定值，此时酶几乎被底物饱和，反应相对于底物是个零级反应，就是说再增加底物对反应速度没有什么影响。反应速度逐渐趋近的恒定值称为最大反应速度 V_{max}。

由米氏方程推导计算，当 $V=1/2V_{max}$ 时，$K_m=[S]$。因此，K_m值等于酶促反应达到最大反应速度一半时所对应的底物浓度，单位为 mol/L。米氏常数是酶的特征常数之一，只与酶的性质有关，不同的酶其 K_m 值不同。K_m值表示酶与底物之间的亲和程度：K_m值大表示亲和程度小，酶的催化活性低（图 6-1）。

理论上，只要连续测出对应底物浓度$[S]$的化学反应速度 V，增加底物浓度，使反应达到最大速度值 V_{max}，通过作图就可以测定出 K_m 值。但事实上确定 V_{max} 值是很困难的，反应速度只能接近 V_{max}，而永远达不到最大速度，因此用这种方法求得的 K_m 不太准确。

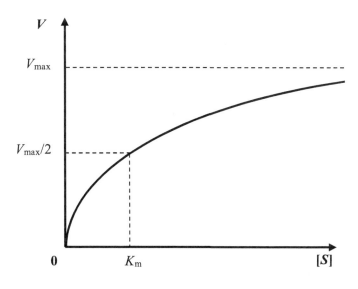

图 6-1　底物浓度与反应速度关系曲线

　　为使得 K_m 值的计算更加精确，提出了 Lineweaver-Burk 方程，也称为双倒数方程，即将米氏方程式加以改变，以 $1/V$ 对 $1/[S]$ 作图，可以获得一条直线。从直线与 x 轴的截距可以获得 $1/K_m$ 的绝对值，而 $1/V_{max}$ 是直线与 y 轴的截距（图 6-2）。

$$\frac{1}{V} = \frac{K_m}{V_{max}} \times \frac{1}{[S]} + \frac{1}{V_{max}}$$

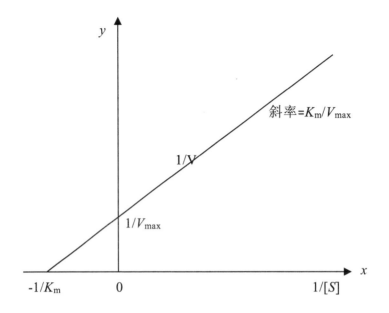

图 6-2   双倒数作图曲线

双倒数作图法的缺点在于底物浓度低时，坐标点集中于坐标左下方，误差增大，V_{max}、K_m 无法精确定出。解决方法：底物浓度配成 1/[S]的浓度级差，而不是[S]的浓度极差，使点距离平均。

2. 实验原理

任何一种酶的米氏常数可以通过测定在不同底物浓度下的反应速度来确定。

胰蛋白酶（Trypsin）是胰液中的一种酶，特异切割多肽链中赖氨酸和精氨酸残基中的羧基，水解生成自由氨基。

甲醛可与氨基酸的氨基反应形成羟甲基化合物，并释放出游离的 H^+。在不同的底物浓度下，以酚酞作为指示剂，用 NaOH 滴定，以氢氧化钠消耗的体积数代表每种底物浓度下的反应速度，进行双倒数作图，可测得胰蛋白酶的 K_m 值。

【实验材料】

1. 试剂

（1）5% 酪蛋白溶液（pH 8.5）：将 5 g 酪蛋白溶于约 20 mL 1 mol/L 的 NaOH 溶液中，于 60～70℃水浴中加热至完全溶解。用 1 mol/L 的 HCl 调节 pH 至 8.5，加水稀释至 100 mL。

（2）4% 胰蛋白酶溶液：4 g 胰蛋白酶溶于 100 mL 水中。

（3）14.4% 甲醛：将 40 mL 36% 的分析纯甲醛，加水稀释到 100 mL。

2. 主要仪器及耗材

水浴锅、碱式滴定管、移液管（2 mL、5 mL、10 mL）、

100 mL 三角瓶、试管及试管架、吸耳球等。

【实验步骤】

1. 按照表 6-1，配制 7 个浓度的酪蛋白溶液，放在 37℃水浴中。

表 6-1   不同浓度的酪蛋白溶液配制

管号	1	2	3	4	5	6	7
5 %酪蛋白（mL）	1	2	3	4	5	6	7
H_2O（mL）	9	8	7	6	5	4	3
终浓度（mg/mL）	5	10	15	20	25	30	35

2. 取 7 个 100 mL 的三角瓶，分别加入 5 mL 的 14.4 %甲醛溶液和 10 滴酚酞。

3. 向试管 1 中加 1 mL 胰蛋白酶，混匀，37℃水浴，精确反应 5 min 后，将反应液转入上述三角瓶中，用 0.1 mol/L NaOH 滴定，直到获得稳定的粉红色为止（30 s 不褪色）。

4. 试管 2～7 的反应依次同上，记录每管滴定消耗的 NaOH 量。

5. 结果计算：以 NaOH 消耗的毫升数代表在每种底物浓度下的反应速度 V，以 $1/V$ 对 $1/[S]$ 作图，求出胰蛋白酶

的米氏常数 K_m 和最大酶促反应速度 V_{max}。

【注意事项】

1. 甲醛是一类致癌物，使用时需要在通风橱里、戴手套操作。

2. 为使测得的 K_m 值尽量精确，滴定反应终点为稳定的浅粉色，且颜色应尽量保持一致。

【思考题】

1. 为什么配制的底物酪蛋白溶液是弱碱性的？

2. 为什么酪蛋白溶液要提前在 37℃水浴中预热？

【参考文献】

1. 于自然，黄熙泰，李翠凤. 生物化学习题及实验技术. 化学工业出版社，2008，267-269.

2. 高路. 紫甘薯多酚氧化酶和 β－淀粉酶酶学特性的研究. 沈阳农业大学（博士论文），2008，43-52.

实验七　离子交换色谱法分离氨基酸

【实验目的和要求】

1. 学习离子交换树脂的性质、类型及其在分离制备氨基酸等生物分子中的应用。
2. 掌握离子交换色谱法分离生物分子的基本原理和操作方法。

【实验背景和原理】

1. 背景知识

　　1906 年，俄国植物学家 Tsweet（茨维特）发现色谱分离现象。以 $CaCO_3$ 颗粒为固定相，石油醚为流动相，成功地对植物叶片中的色素提取物进行了分离（见图 7-1）。

　　现如今，色谱（chromatography）已成为一种重要的分离、分析技术。色谱法，又称色谱分析法、层析法，其基本原理是：利用待分离各组分间物理化学性质的差异，使各组分在固定相和流动相之间的平衡分配不同，从而使

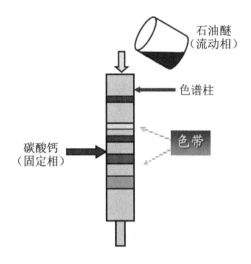

图 7-1 Tsweet 发现色谱分离现象（图片来自互联网）

各组分以不同的速度移动而达到分离的目的。这些物理化学性质包括分子的大小、形状、所带电荷、挥发性、溶解性及吸附性质等。

层析技术按层析的机理，分为吸附层析、亲和层析、凝胶过滤层析、离子交换层析等；按流动相和固定相的不同，分为气相层析、液相层析；按操作形式不同，分为柱层析、纸层析、薄层层析等。

层析技术的必要组成有：

①固定相。是层析的一个基质，能与待分离的化合物进行可逆的吸附、溶解、交换等，可以是固体或是液体。

②流动相。在层析过程中推动固定相上带分离组分朝

着一个方向移动物质，可以是液体或是气体。

③色谱柱。各种材质和尺寸，如玻璃、不锈钢等。

④样品。即被分离组分，可以是各种有机、无机化合物。

离子交换层析中的固定相是离子交换剂，它是由一类不溶于水的惰性高分子聚合物基质，通过一定的化学反应共价结合上某种电荷基团形成的。离子交换树脂是应用非常广泛的一种离子交换剂，根据可交换基团的酸碱性质不同，离子交换树脂可分为阳离子交换树脂和阴离子交换树脂。阳离子交换树脂可交换的是阳离子，阴离子交换树脂可交换的是阴离子。

阳离子交换剂：常带有磺酸基、羧基、磷酸基等基团，能在水中解离出 H^+ 而呈酸性，树脂解离后余下的带负电基团，能与溶液中的其他阳离子结合，从而产生阳离子交换作用，可交换离子为 Na^+、H^+ 等。

阴离子交换剂：常带有二乙基胺乙基、三乙基胺乙基等基团，能在水中解离出 OH^- 而呈碱性，树脂解离后余下的带正电基团，与溶液中的阴离子结合，从而产生阴离子交换作用，可交换离子为 Cl^-、OH^- 等。

两性离子如核苷酸、氨基酸等与离子交换剂的结合力，主要取决于它们的理化性质和特定的条件呈现的离子状态：当 pH<pI 时，被分离物带正电荷，能被阳离子交换剂吸附；反之，当 pH>pI 时，被分离物带负电荷，能被阴离子交换剂吸附。离子交换反应是可逆的，可以通过改变流动相的 pH 和离子强度，改变氨基酸等与离子交换剂所带电荷，从而影响二者间静电相互作用，实现氨基酸等物质的吸附与解析，实现分离纯化的目的。

2. 实验原理

精氨酸的等电点为 10.75，天门冬氨酸的等电点为 2.9，在 pH 为 6.0 的溶液中，精氨酸带正电荷，而天门冬氨酸带负电荷。在经过阳离子交换柱时，带负电荷的天门冬氨酸直接被洗脱下来，而带正电荷的精氨酸则结合在柱子上。随后增加洗脱液的离子强度，将精氨酸洗脱下来，达到氨基酸分离的目的。在此过程中，利用茚三酮反应和坂口反应对两种氨基酸的洗脱情况进行鉴定。

茚三酮反应：在 pH 5～7 之间，茚三酮与 α－氨基酸、蛋白质以及蛋白质衍生物反应产生一种紫色的化合物。亚氨基酸、脯氨酸和羟脯氨酸也与茚三酮反应，但产生黄色的化合物。茚三酮反应十分灵敏，控制合适的反应条件，可用于氨基酸的定性和定量分析；

坂口反应：在碱性溶液中，精氨酸与 α－萘酚、氧化剂如次溴酸钠或次氯溴酸钠反应产生一种红色的化合物。

坂口反应是精氨酸特有的反应。

【实验材料】

1. 材料

阳离子交换树脂。

2. 试剂

（1）2 mol/L HCl：10 mL 浓盐酸稀释至 60 mL。

（2）2 mol/L NaOH：80 g NaOH 溶于 1000 mL 水中。

（3）0.1 mol/L 柠檬酸缓冲液（pH 6.0）：3.993 g 柠檬酸和 23.824 g 柠檬酸钠溶于 2 L 水。

（4）2 mol/L NaCl：11.7 g 氯化钠溶于 100 mL 水中。

（5）标准氨基酸溶液（10 mg/mL）：1 g 精氨酸和 1 g 天门冬氨酸溶于 100 mL 0.05 mol/L 柠檬酸缓冲液中。

（6）1％茚三酮：1g 茚三酮溶于 100 mL 95%乙醇中，现用现配。

（7）15％ NaOH：15 g NaOH 溶于 100 mL 水中。

（8）1％α－萘酚：1 g α－萘酚溶于 100 mL 95％乙醇中。

（9）次溴酸钠：在 5％ NaOH 溶液中加入溴素，至颜色呈现微黄。

3. 主要仪器及耗材

蠕动泵、分布收集器、色谱柱、试管及试管架、水浴锅、1.5 mL 离心管、离心管架等。

【实验步骤】

1. 树脂预处理

（1）将树脂在大体积的蒸馏水中膨胀至少 30 min，搅拌待树脂自然沉降后，除去悬浮水面的细小颗粒。

（2）将水尽量去除干净，加入 3 倍于树脂体积的 2 mol/L HCl，搅拌浸泡至少 24 h，用蒸馏水冲洗，直至流出液的 pH 为中性（商售树脂，特别是阳离子交换树脂，可能含有铁和其他重金属离子，应当用盐酸洗涤除去）。

（3）将水尽量去除干净，加入 3 倍于树脂体积的 2 mol/L NaOH，搅拌浸泡至少 24 h，用蒸馏水冲洗，直至流出液的 pH 为中性。

（4）重复步骤（2），阳离子交换树脂就变成 H^+ 型。同样用 NaOH 溶液洗涤，再用水洗至中性，树脂则转变为 Na^+ 型。

（5）装柱前，将水尽量去除干净，用 0.05 mol/L 柠檬酸缓冲液浸泡前期处理好的树脂。

2. 装柱

（1）将色谱柱固定在铁架台上，下端与蠕动泵相连接。

（2）向柱子里加入约 2～3 cm 高度的 0.05 mol/L 柠檬酸缓冲液，打开蠕动泵，边轻轻搅拌，边将树脂悬浮液均匀倒入柱中。

（3）待树脂慢慢沉积至距离柱上端约 5 cm 处，停止装柱。

3. 平衡

用 1 个柱床体积的柠檬酸缓冲液对柱子进行平衡。平衡后期，调节蠕动泵流速为 0.6 mL/min，5 min 收集 3 mL 流出液。

4. 上样

待洗脱液的凹液面与柱床表面相平时，取 500 μL 氨基酸混合液样品，缓慢、均匀地加到柱床表面。打开蠕动泵，让样品缓慢渗入树脂之内。继续加入少许柠檬酸缓冲液，使样品完全渗入树脂中。

5. 洗脱和收集

待样品完全渗入树脂后，加入约 3 cm 高度的柠檬酸缓冲液，接通分布收集器，打开蠕动泵，调节流速：0.6 mL/min，开始用 0.05 mol/L 柠檬酸缓冲液洗脱，每管收集 3 mL。待天门冬氨酸完全流出柱子，洗脱液更换成高盐离子浓度的

2 mol/L NaCl，调节流速：1 mL/min，每管收集 3 mL。

6. 氨基酸检测

（1）用 0.05 mol/L 柠檬酸缓冲液洗脱，收集液每隔一管，做茚三酮反应，根据溶液颜色变化，判断柱子上的天门冬氨酸是否已全部洗脱下来。对呈现蓝色的洗脱液，进一步做坂口反应，鉴定是否有精氨酸存在。

（2）更换成 2 mol/L NaCl 洗脱液后，收集液每隔一管，同时做茚三酮反应和坂口反应，鉴定精氨酸的洗脱情况。

①茚三酮反应：取 1.5 mL 离心管，每管中加入 0.5 mL 收集液和 0.5 mL 茚三酮，混匀，沸水浴加热 5 min。若溶液中有氨基酸存在，则呈现蓝色。

②坂口反应：取 1.5 mL 离心管，每管中加入 0.5 mL 收集液、0.5 mL 15 % NaOH、2 滴 α－萘酚、3～4 滴次溴酸钠，混匀。若溶液中有精氨酸存在，则呈现红色。

【注意事项】

1. 装柱时，一定注意柱子上端始终保有一定高度的缓冲液，防止柱子变干，且柱子连续、均匀、无纹路、无气泡、表面平整，否则影响分离效果。

2. 上样后，在保证不干柱子的情况下，在柱床表面加入少量的洗脱液，使样品完全进到柱子里。

【思考题】

1. 为达到好的分离效果，实验中应注意哪些操作？

2. 如若分离效果不佳，可以如何改进？

【参考文献】

1. 卢慧丽，林东强，朱咪咪等. 配基密度和介质孔径对离子交换层析分离蛋白质的影响. 化工进展，2011，30（S2）：209-213.

2. 陈家威.离子交换树脂的新进展. 湖北化工，1993（3）：35-38.

3. 李凤刚，李长海，贾冬梅等. 大孔离子交换树脂应用的研究进展. 广州化工，2010，38（3）：7-9.

实验八　DNA 的制备

【实验目的和要求】

掌握从动物组织中提取基因组 DNA 的原理与方法。

【实验背景和原理】

基因组 DNA 提取是生命科学研究中常用的一项基本技术，其质量好坏直接关乎后续分子生物学实验的成败。几乎所有的细胞中都含有 DNA，但不同组织细胞中 DNA 含量不同。取材时应尽量选用 DNA 含量高，而脱氧核糖核酸酶活性低的材料。具备这些条件的最好的组织是淋巴组织和胸腺，此外，脾脏、肝脏也是理想的材料。真核 DNA 绝大部分存在于细胞核内，而 RNA 既存在于细胞核内，也存在于细胞质中。

DNA 提取的方法有很多，具体视实验材料以及待分离的 DNA 类别而定。但基本思路是：破碎、裂解细胞 → 分离 → 提取纯化。基因组 DNA 容易变性，为了获得高质量的 DNA，在尽可能去除蛋白质、RNA 等杂质的同时，必须严格控制实验条件：避免机械振荡，防止过酸、过碱对 DNA 的破坏，抑制核酸酶对 DNA 的降解作用等，使提取的 DNA 浓度、纯度以及一级结构的完整性满足后续实验要求。本文重点介绍浓盐法和试剂盒法两种提取大样本组织中基因组 DNA 的方法。

方法 I   浓盐法

【实验原理】

核酸和蛋白质在生物体中常以核蛋白形式存在，其中脱氧核糖核酸和蛋白质结合形成的复合物称为脱氧核糖核蛋白（简称 DNP），核糖核酸和蛋白质结合形成的复合物称为核糖核蛋白（简称 RNP）。DNP 溶于高离子浓度的溶液中，但不溶于低离子强度的溶液中（$0.05 \sim 0.15$ mol/L），而 RNP 则相反。浓盐法即利用两者在不同浓度 NaCl 中的溶解度不同，来分离 DNP 和 RNP。

加入 SSC 溶液将组织匀浆、裂解组织细胞，细胞核及里面的核酸和蛋白质复合物以沉淀形式被离心下来。去上清，悬浮沉淀，向其中加入十二烷基硫酸钠（简称 SDS），破坏细胞膜、核膜，使 DNP、RNP 等释放到溶液中，同时抑制脱氧核糖核酸酶（DNase）的活性。改变盐离子浓度，分离 DNP 和 RNP，NaCl 浓度从 0.15 mol/L 提高至 1 mol/L，沉淀状态的 DNP 变为溶解状态。通过氯仿抽提，去除 DNP 中的蛋白。向抽提的上清液中加入乙醇，沉淀得到的白色丝状物即基因组 DNA。

实验中柠檬酸钠和 EDTA（乙二胺四乙酸）的作用是与脱氧核糖核酸酶的辅因子 Ca^{2+}、Mg^{2+}结合，抑制该酶活性。氯仿是非极性分子，水是极性分子，蛋白水溶液与氯仿混合后，蛋白失水变性，变性蛋白质的密度大于水的密度，经过离心，分为三层，上层为溶解 DNA 的水相，中间层为蛋白沉淀，下层为比重更大的氯仿，从而达到利用氯仿抽提蛋白的目的。在抽提过程中，溶液混合会产生气泡，而气泡能阻止物质相互间的充分作用，加入异戊醇，能够降低分子表面张力，减少泡沫产生。

【实验材料】

1. 材料

新鲜或冻存的动物肝脏。

2. 试剂

（1）10×SSC（1.5 mol/L NaCl－0.15 mol/L 柠檬酸钠，

pH 7.0）：87.7 g NaCl 和 44.1 g 柠檬酸钠溶于约 500 mL 水中，定容至 1000 mL。用时稀释 10 倍。

（2）0.15 mol/L NaCl－0.1mol/L EDTA：8.77 g NaCl 和 37.2 g Na$_2$EDTA 溶于约 500 mL 水中，用 NaOH 调 pH 至 8.0，最后定容至 1000 mL。

（3）5 % SDS：5 g SDS 溶于 100 mL 45 %乙醇。

（4）氯仿/异戊醇：将氯仿、异戊醇按照 24:1 的体积比进行混合。

（5）10 % NaOH：10 g NaOH 溶于 100 mL 水。

3. 主要仪器及耗材

组织捣碎机、高速冷冻离心机、天平、50 mL 离心管、25 mL 量筒、玻璃棒、烧杯等。

【实验步骤】

1. 称取 50 g 肝脏，用预冷的 1×SSC 将血尽量冲洗去除。将洗净的肝脏转移至组织捣碎机，加入 100 mL 预冷的 1×SSC（两倍体积），间歇匀浆，至无肉眼可见的块状。

2. 取匀浆液 15～20 mL（记录实际体积），8000 rpm，4℃，离心 15 min。

3. 离心后的沉淀均匀悬浮于 5 倍体积的 0.15 mol/L NaCl－0.1 mol/L EDTA 溶液中，边搅拌边滴加 5 % SDS，至终浓度为 1 %。

4. 加入固体 NaCl，搅拌溶解，至终浓度为 1 mol/L。

5. 加入等体积的氯仿/异戊醇，充分混匀，8000 rpm，4℃，离心 10 min。

6. 转移水相至 150 mL 烧杯，加入 2 倍预冷 95 % 乙醇，沉淀 DNA。沿同一方向慢慢搅动，使丝状 DNA 缠绕于玻璃棒上。

7. 将绕出的 DNA 分别在 70 % 乙醇（除盐）、95 % 乙醇（脱水）、无水乙醇（脱水）各洗一次。

8. 将 DNA 吹干，溶于 3 mL 蒸馏水，−20℃ 存放。若有不溶，可滴加几滴 10 % NaOH 助溶。

【注意事项】

1. 组织匀浆时，时间不宜过长，以避免部分细胞核被破坏，导致 DNA 释放、断裂，而得不到丝状的 DNA。

2. 氯仿抽提去除蛋白时，离心后分为三层，吸取溶解 DNA 的上层水相时，注意不要吸入氯仿，以免造成有机溶剂污染，否则需要重新离心。

3. 氯仿极易挥发，有致癌可能性。因此应带手套、在通风橱内操作。

【思考题】

1. 为什么肝细胞的匀浆液离心后保留沉淀而不要上清液？匀浆时加入的 SSC 溶液中柠檬酸钠的作用是什么？

2. SDS 在 DNA 制备过程中的作用是什么？

3. 氯仿/异戊醇在 DNA 制备过程中的作用是什么？

4. 结合本人实际操作体会，讨论在提取过程中应如何避免大分子 DNA 的降解和断裂？

方法 II　试剂盒法

参照动物组织/细胞基因组 DNA 提取试剂盒。

【背景知识】

硅胶是一种高活性、用途广泛的无机吸附材料，其结构决定了它具有许多其他同类材料难以比拟的特点：吸附性能高，热稳定性好，化学性质稳定，有较高的机械强度，不易破碎，不溶胀，容易再生。

硅胶的多孔结构使其具有很大的表面积，另外，硅胶的吸附特性取决于它表面结构的硅羟基，但是直接使用硅胶作为吸附剂用于分离富集，它只能通过表面的吸附，其选择性难以令人满意，为此围绕硅胶表面的硅羟基，人们对硅胶进行了改性。

改性硅胶有两种类型，一是负载型硅胶，即利用硅胶的吸附性能将含有螯合功能基团的化学试剂物理吸附在硅胶表面，这种方法制备的改性硅胶利用螯合试剂的吸附量较小；另一类为化学键合硅胶，它是利用硅胶表面硅羟基的化学活性，使其与具有双官能团的有机硅烷偶联剂（如乙烯基、环氧基、氨基、巯基等）结合，将特征功能基团引入硅胶。

一般核酸回收试剂盒的回收柱采用特殊硅基质材料，一定条件下可特异性地吸附 DNA、RNA。其原理为：在 pH 值等于或低于硅基质材料表面 pKa 值的高离子浓度缓冲溶液中，硅基质材料表面负电荷减少，DNA 分子所带负电荷与其表面的斥力减小，水合程度降低，被吸附到硅基质材料表面上，与此同时，DNA 分子与硅基质材料表面的羟基形成氢键，氢键力远大于静电斥力，DNA 分子将牢牢吸附在硅基质材料表面；再用 pH 值高于 pKa 值的低离子浓度的缓冲溶液洗脱吸附在硅基质材料表面的 DNA 分子，破坏其间的氢键，即可达到提取目的。利用硅基质材料在高盐、低 pH 值情况下吸附 DNA，在低盐、高 pH 值情况下释放 DNA 的这一特性，可最大限度地去除蛋白、多糖、盐类和有机溶剂等杂质，达到纯化 DNA 的目的。

【实验原理】

采用可以特异性结合 DNA 的离心吸附柱和独特的缓冲液系统，提取组织和细胞的基因组 DNA。离心吸附柱中采用的硅基质材料，能够高效、专一地吸附 DNA，可最大限度去除杂质蛋白及细胞中其他有机化合物。提取的基因组 DNA 片段大、纯度高、质量稳定可靠。

【实验材料】

1. 材料

新鲜或冻存的动物肝脏。

2. 试剂

（1）10×SSC（1.5 mol/L NaCl－0.15 mol/L，pH 7.0）：87.7 g NaCl 和 44.1 g 柠檬酸钠溶于约 500 mL 水中，定容至 1000 mL。用时稀释 10 倍。

（2）试剂盒试剂：RNase A（10 mg/mL）、蛋白酶 K（10 mg/mL）、溶液 A、溶液 B、漂洗液、洗脱液。

（3）主要仪器及耗材：高速组织捣碎机、小型高速离心机、1.5 mL 离心管、金属浴、吸附柱与收集管（试剂盒提供）等。

【实验步骤】

1. 称取 30 g 肝脏，用预冷的 1×SSC 将血尽量冲洗去除。将洗净的肝脏转移至组织捣碎机，加入 60 mL 预冷的 1×SSC（两倍体积），间歇匀浆，至无肉眼可见的块状。

2. 取 80 μL 组织匀浆液，12000 rpm，离心 1 min。

3. 尽量去除上清，向沉淀物中加入 200 μL 溶液 A，振荡混匀，至无肉眼可见块状物。

4. 向悬浮液中加入 20 μL RNase A，55℃放置 15 min；

5. 加入 20 μL 蛋白酶 K，充分颠倒混匀，瞬时离心，55℃水浴消化 1.5 h。消化期间可颠倒离心管数次，直至溶液清亮及黏稠。

6. 加入 200 μL 溶液 B，充分颠倒混匀，如出现白色沉淀，可在 75℃放置 15 min，沉淀即会消失，不影响后续实验。如溶液未变清亮，说明样品消化不彻底，可能提取的 DNA 量少及不纯，还有可能导致堵塞吸附柱。

7. 加入 200 μL 无水乙醇，充分混匀，此时可能会出现絮状沉淀，不影响 DNA 的提取，可将溶液和絮状沉淀都加入吸附柱中。

8. 12000 rpm，离心 1 min，弃废液，将吸附柱放入收集管中。

9. 向吸附柱中加入 700 μL 漂洗液，12000 rpm，离心 1 min，弃废液，将吸附柱放入收集管中。

10. 向吸附柱中加入 500 μL 漂洗液，12000 rpm，离心 1 min，弃废液，将吸附柱放入收集管中。

11. 12000 rpm，离心 2 min，将吸附柱敞口置于室温或 50℃温箱放置数分钟，目的是将吸附柱中残余的漂洗液去除。

12. 将吸附柱放入一个干净的离心管中，向吸附膜中央悬空滴加 50 μL 经 65℃水浴预热的洗脱液，室温放置 5 min，12000 rpm，离心 2 min。

13. 将离心所得洗脱液再次加入吸附柱中，12000 rpm，离心 2 min，可得到高质量的基因组 DNA。

【注意事项】

1. 试剂盒的 RNase A 和蛋白酶 K 需-20℃保存。

2. 漂洗液在使用前需加入指定体积的无水乙醇。

3. 样品避免反复冻融，否则会导致提取的 DNA 片段较小且提取量下降。

4. 若试剂盒中试剂出现沉淀，可在 65℃水浴中重新溶解后再使用，不影响效果。

5. 洗脱缓冲液的体积最好不少于 50 μL，体积过小会影响回收效率。洗脱液的 pH 值对洗脱效率也有影响，若需要用水做洗脱液，应保证其 pH 在 8.0 左右，可用 NaOH 将水的 pH 调至此范围，pH 值低于 7.0 会降低洗脱效率。

【思考题】

1. 实验中，RNase A 和蛋白酶 K 的作用各是什么？

2. 第 7 步中加入无水乙醇，为什么可能会出现沉淀？

3. 由于受专利保护等因素，试剂盒中的许多试剂仅以溶液 A、溶液 B、漂洗液、洗脱液等字眼来标记，并不给出每种试剂的具体成分，试推测每种溶液可能的成分及其作用。

【参考文献】

1. 于自然，黄熙泰，李翠风. 生物化学习题及实验技术. 化学工业出版社，2008，254-256.

2. 张宁，王凤山.DNA 提取方法进展. 中国海洋药物，2004（2）：40-46.

3. 潘涛，双卫兵，唐彦. 四种 DNA 提取试剂盒提取效果的比较. 实用医技杂志，2013，20（4）：408-409.

4. 刘娜，赵新，陈锐等. 动物肌肉组织 DNA 的提取方法及实时荧光定量 PCR 检测. 食品工业科技，2016，37（18）：74-80.

5. 韦玮.硅胶基质固相萃取填料及其在医药、食品、环境分析中的应用. 天津大学，2007：7-8.

6. 杜瑞晓，张璐璐，陈楠等. 一种简便有效的核酸纯化方法. 北京农学院学报，2015，30（4）：29-32.

7. 刘传青，向玲娟，黄娟等.硅基质膜吸附柱对质粒 DNA 再吸附能力的研究. 化学与生物工程，2014，31（3）：53-56.

8. 张丽，杨莲茹，吴绍强.核酸提取方法的研究进展. 中国动物检疫，2011，28（12）：75-78.

实验九　DNA 含量检测

【实验目的和要求】

1. 学习 DNA 含量检测的基本原理与方法；
2. 掌握分光光度计的原理与使用。

【实验背景和原理】

　　核酸（nucleic acid）有两大类，一类是脱氧核糖核酸（deoxyribonucleic acid，DNA），另一类是核糖核酸（ribonucleic acid，RNA），是各种有机体遗传信息的载体。

　　核酸是由磷酸、戊糖、碱基所组成的核苷酸的多聚高分子，三者以等分子数而存在，因此只要测定三者中任何一处成分的含量（定碱基、定磷、定糖），就可以推算出核酸的含量。本实验主要介绍二苯胺法（定糖）和目前应用非常广泛的紫外吸收法（定碱基）两种 DNA 含量检测方法。

方法 I 二苯胺法

【实验原理】

在酸性溶液中，脱氧核糖转变为 ω－羟基－γ－酮基戊醛，后者可与二苯胺反应，缩合形成一种蓝色的化合物，该物质在 595 nm 处具有强烈的吸收。

DNA 在酸性条件下加热，其嘌呤碱与脱氧核糖间的糖苷键断裂，生成嘌呤碱、脱氧核糖和脱氧嘧啶核苷酸。脱氧核糖与二苯胺试剂反应，生成蓝色化合物。在一定的浓度范围内，所成颜色的深浅与 DNA 的量之间呈线性关系。因此，可以标准 DNA 含量为横坐标，吸光度为纵坐标，绘制标准曲线。根据未知样品的吸光度，换算获得样品中 DNA 的含量。

【实验材料】

1. 材料

待测 DNA 样品。

2. 试剂

（1）DNA 标准溶液（1 mg/mL）：将 100 mg DNA 溶于 100 mL 水中。若有不溶解，可加 2~3 粒 NaOH 固体颗粒

促进溶解；

（2）二苯胺试剂：将 1 g 二苯胺溶于 98 mL 冰乙酸中，加入 2 mL 浓硫酸，现用现配；

3. 主要仪器及耗材

水浴锅、可见光分光光度计、比色皿、洗瓶、试管及试管架、移液器、枪头盒等。

【实验步骤】

1. 绘制 DNA 标准曲线

（1）取 6 支试管，分别标号为 1、2、3、4、5、6；

（2）按表 9-1 向各管中加入试剂。

表 9-1　不同浓度 DNA 标准溶液的配制

试剂	管号					
	1	2	3	4	5	6
DNA 标准溶液（1 mg/mL）/mL	0	0.2	0.4	0.6	0.8	1.0
水/mL	2	1.8	1.6	1.4	1.2	1.0
DNA 终浓度（μg/mL）	0	100	200	300	400	500

（3）向 1～6 号管中加入 4 mL 二苯胺试剂，混匀。

（4）将上述各管放入沸水浴中精确反应 10 min，冷却。

（5）在 595 nm 波长下，以管 1 做空白对照，测得每管的吸光度。

（6）以标准 DNA 含量为横坐标，吸光度为纵坐标，绘制标准曲线。

2. 样品中 DNA 含量的检测

在一试管中，加入 2 mL 待测 DNA 样品溶液和 4 mL 二苯胺试剂，沸水浴中精确反应 10 min，冷却。以管 1 做空白对照，测该管在 595 nm 下的吸光度。根据 DNA 标准曲线，计算 DNA 样品中的 DNA 含量。

3. 结果计算

$$样品中DNA的含量 = \frac{y \times N}{C} \times 100\%$$

式中：

y 表示由样品吸光度值从标准曲线上查得的 DNA 的量；

C 表示测定所用 DNA 样品液的毫升数；

N 表示 DNA 样品液的总体积。

【注意事项】

1. 二苯胺试剂具有一定的毒性和刺激性，使用时注意戴手套、在通风橱内操作。

2. DNA 与二苯胺沸水浴反应前，应充分混匀。反应结束，可将各管放在盛有自来水的烧杯中冷却。

3. DNA 与二苯胺反应产生的蓝色不易褪色，极易造成比色皿的污染，因此每次用完比色杯后，应立即用大量清水冲洗干净。

【思考题】

1. 为准确测得 DNA 含量，实验中应注意哪些操作？

2. 如果样品吸光度不在标准曲线范围内，应如何解决？

方法 II　超微量分光光度法

【实验原理】

由于组成核酸的碱基能够吸收紫外光，因此核酸在 260 nm 处有特征性的强吸收峰。在波长 260 nm 紫外线下，A_{260}=1.0，约相当于：50 μg/mL 双链 DNA、40 μg/mL 单链 DNA（或 RNA）、20 μg/mL 寡核苷酸，因此可通过紫外分光光度法来检测核酸的含量。紫外分光光度法不仅可以检测 DNA 浓度，还可以结合 A_{260}/A_{280} 和 A_{260}/A_{230} 的比值鉴定 DNA 的纯度。

蛋白质分子中含有共轭双键的酪氨酸、色氨酸等芳香族氨基酸，在 280 nm 处有特征吸收峰。一般认为，A_{260}/A_{280} 介于 1.8～2.0 之间的 DNA 纯度较高，若 $A_{260}/A_{280}<1.8$，表明有蛋白质污染；而 $A_{260}/A_{280}>2.0$，表明有 RNA 污染（RNA 和 DNA 在 260 nm 处都有特征吸收峰）。

230 nm 波长是多肽、芳香基团、苯酚和一些碳水化合物的吸光度，因此 A_{260}/A_{230} 的大小反映了 DNA 样品中存在的碳水化合物（糖类等）、盐类或有机溶剂（酚等）等的污染情况，较纯净的 DNA 其 A_{260}/A_{230} 大于 2.0。

但是，当 DNA 样品中含有蛋白质、RNA、酚、脂类或其他小分子污染物时，会影响 DNA 浓度检测的准确性，因此 DNA 质量的好坏需要结合琼脂糖凝胶电泳等方法做进一步检测。

【实验材料】

1. 材料

待测 DNA 样品。

2. 试剂

双蒸水（dd H_2O）。

3. 主要仪器及耗材

超微量分光光度计、2 μL 移液器、擦镜纸等。

【实验步骤】

1. 以溶解 DNA 的溶剂为空白对照，若无特殊要求，也可以 dd H_2O 为空白对照，进行"blank"操作。

2. 利用 Nanodrop 2000 超微量分光光度计检测 DNA 样品浓度，并根据 A_{260}/A_{280}、A_{260}/A_{230} 的比值判断质粒纯度。

3. 根据 DNA 样品体积，计算出待测样品中的 DNA 含量。

【注意事项】

使用超微量分光光度计前、后，用 2 μL dd H_2O 清洗加样的上下两个光学表面，并用擦镜纸擦拭干净。

【思考题】

超微量分光光度法检测 DNA 含量的优缺点有哪些？

【参考文献】

1. 于自然，黄熙泰，李翠凤. 生物化学习题及实验技术. 化学工业出版社，2008，256-257.

2. 李进波，盛婧，李想等. 五种 DNA 提取方法对鱼加工制品 DNA 提取效果的比较. 生物技术通报，2014（4）：

43-49.

　　3. 谢浩，胡志迪，赵明等. 核酸定量检测方法研究进展. 生命的化学，2014，34（6）：737-743.

　　4. 叶子弘，金荣愉，崔海峰等. 核酸定量技术及其在生物检测中的应用. 中国计量学院学报，2012，23（1）：1-6.

实验十　转氨基作用

【实验目的和要求】

1. 学习转氨酶的性质及其活性测定方法；

2. 了解转氨酶在代谢及临床诊断中的作用；

3. 掌握纸层析分离氨基酸的原理与方法。

【实验背景和原理】

1. 背景知识

　　氨基转移酶又称转氨酶，催化某一氨基酸的 α－氨基转移到另一 α－酮酸的酮基上，生成相应的氨基酸，原来的氨基酸则转变成 α－酮酸，这个过程即转氨基作用（Transamination）。转氨基作用不仅是体内多数氨基酸脱氨基的重要方式，也是机体合成非必需氨基酸的重要途径。

　　转氨酶的种类很多，每种转氨酶都有各自不同的一对氨基酸和酮酸为底物。在高等动物各组织中，活力最高的转氨酶是谷丙转氨酶（又名丙氨酸氨基转移酶，简称 GPT、

ALT)和谷草转氨酶(又名天冬氨酸氨基转移酶,简称GOT、
AST)。ALT 在肝脏中活力最大,催化谷氨酸与丙酮酸之间
的转氨作用生成丙氨酸和 α－酮戊二酸;AST 在心肌中活
力最大,催化谷氨酸与草酰乙酸之间的转氨作用生成 α－
酮戊二酸和天冬氨酸。转氨酶催化的反应是可逆的。

　　在临床上,测定血液中转氨酶水平可作为疾病诊断和
预后的检验指标,如 ALT 和 AST 是肝功能检查的两项重
要指标。ALT 主要存在于肝细胞浆内,血清正常参考值为
5.0～49.0 U/L,1 %的肝细胞坏死,血清酶增高一倍,所以
ALT 被世界卫生组织推荐为肝功能损害最敏感的检测指
标;正常情况下,AST 在心肌细胞含量最高,其次是在肝
脏(线粒体),血清中含量极少,但当肝脏发生严重坏死或
破坏时,血清中 AST 浓度偏高。

　　纸层析(paper chromatography)是以滤纸为惰性支持
物的分配层析。滤纸纤维与水有较强的亲和力,与有机溶
剂的亲和力很弱。在层析时,以滤纸纤维及其结合的水作
为固定相,有机溶剂作为流动相。当流动相流经固定相支
持物时,样品中的溶质在两相间不断地进行分配。随着流
动相的不断移动,由于样品中不同溶质其分配系数不同,
移动速率不一样,从而使样品中各组分得到分离和纯化。

　　溶质在滤纸上的迁移可以用相对迁移率(R_f)来表示:

R_f＝组分移动的距离/溶剂前沿移动的距离＝原点至组分斑点中心的距离/原点至溶剂前沿的距离。物质结构、流动相的物质组成、温度、滤纸质量等因素都会影响 R_f 值。但在滤纸、溶剂、温度等各项实验条件恒定的情况下，各物质的 R_f 值是不变的，它不随溶剂移动距离的改变而变化。

2. 实验原理

将肝脏组织匀浆，谷丙转氨酶（GPT）释放到匀浆液中。将匀浆液离心，获得的上清即含有 GPT 的粗酶液。建立酶反应体系，以丙氨酸和 α－酮戊二酸为底物，在 GPT 作用下，发生转氨基作用，生成一种新的氨基酸－谷氨酸。由于丙氨酸和谷氨酸侧链极性的差异，使其在纸层析过程中有不同的迁移率，因而可以结合纸层析色谱法分析酶反应产物，观察发生的转氨基作用。

丙氨酸　　　　α- 酮戊二酸　　　　　　　丙酮酸　　　　谷氨酸

试剂三氯乙酸的作用是使酶失活，碘乙酸可抑制其他酶系对丙氨酸的氧化作用。

【实验材料】

1. 材料

新鲜或-80℃冻存的动物肝脏。

2. 试剂

（1）磷酸缓冲液（pH 8.0）：将 22.68 g 磷酸氢二钠和 0.454 g 磷酸二氢钾溶于 900 mL 水中，定容至 1 L。

（2）1%丙氨酸：将 1 g 丙氨酸溶于 90 mL 水中，用固体 KOH 调节 pH 至 7.0，定容至 100 mL。

（3）1%α－酮戊二酸：将 1 g α－酮戊二酸溶于 90 mL 水中，用固体 KOH 调节 pH 至 7.0，定容至 100 mL。

（4）0.1% 碳酸氢钾：将 0.1 g KHCO$_3$ 溶于 100 mL 水。

（5）0.05%碘乙酸：0.05 g 碘乙酸溶于 100 mL 水。

（6）15%三氯乙酸：将 15 g 三氯乙酸溶于 100 mL 水。

（7）0.5%茚三酮：将 0.5 g 茚三酮溶于 100 mL 95%乙醇。

（8）标准丙氨酸（1 mg/mL）：将 0.1g 丙氨酸溶于 100 mL 水。

（9）标准谷氨酸（1 mg/mL）：将 0.1g 谷氨酸溶于 100 mL 水。

（10）无水乙醇：水：尿素：氨水 =80 mL:20 mL: 0.5 g:50 μL（展层剂），现用现配。

3. 主要仪器及耗材

匀浆器、移液器、高速冷冻离心机、水浴锅、试管及试管架、层析滤纸、1.5 mL 离心管、离心管架、培养皿（15 cm 2 个、3 cm 1 个）、剪刀、尺子、铅笔、吹风机等。

【实验步骤】

1. 转氨酶粗提液的制备

（1）将冻存的动物肝脏用刀切碎，称取 2～3 g，放入匀浆器。

（2）加入 3 mL 预冷的磷酸缓冲液，冰浴中匀浆，至无肉眼可见的块状物。

（3）取匀浆液各 1 mL，放入 2 个 1.5 mL 离心管，12000 rpm，4℃，离心 8 min。

（4）将上清液转移至另一新的 1.5 mL 离心管内，此即为转氨酶的粗提液。

2. 转氨基反应

（1）取两支试管，分别编号 1、2。

（2）向管 1 中加入 15 滴 α－酮戊二酸、15 滴丙氨酸、15 滴碳酸氢钾、8 滴碘乙酸和 15 滴酶抽提液，混匀，37℃水浴 1.5～2 h。

（3）向管 2 中加入 15 滴酶抽提液和 15 滴三氯乙酸，

混匀，沸水浴煮 10 min。酶变性成为肉眼可见的沉淀，用玻璃棒将沉淀打碎，继续煮 5 min，使酶完全变性失活。冷却后，加入 15 滴 α－酮戊二酸、15 滴丙氨酸、15 滴碳酸氢钾、8 滴碘乙酸，混匀后，放入 37℃水浴。

（4）37℃水浴反应结束后，向管 1 中加入 15 滴三氯乙酸，混匀。

（5）取管 1 和管 2 内反应液各 1 mL，12000 rpm，4℃，离心 5 min。上清液各转移至一干净的 1.5 mL 离心管中，用于纸层析分析。

3. 纸层析

（1）取层析滤纸，做好点样标记。在对角线方向，距离滤纸中心点 1.5～2 cm 处，用铅笔轻轻画出点样点位置，并在滤纸四角，做好标记（见图 10-1）。将一小片长方形滤纸，沿纵轴方向剪成竖条，并捻成纸芯（见图 10-2）。在滤纸中心点位置，根据纸芯直径大小，做一直径略大的圆孔，便于纸芯插入。

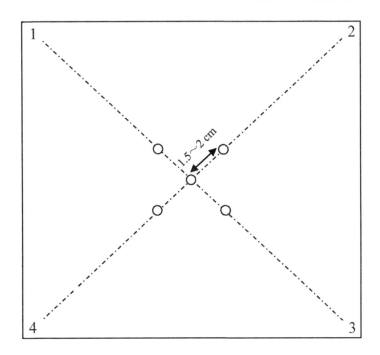

图 10-1　点样标记的制作

注：1 代表管 1 中反应体系；2 代表管 2 中反应体系；

3 代表标准丙氨酸；4 代表标准谷氨酸

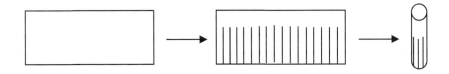

图 10-2　纸芯的制作

（2）点样。将毛细管口轻轻触到滤纸上，使点样点形成直径为 2～3 mm 的圆斑。每次点样时，应使样品点干燥后再点第 2 次，每一样品重复 3 次。点样量应尽量一致，每个样品各用一支毛细管。

（3）展层。取一小培养皿，加入约 15 mL 展层剂，放在大培养皿中央。将纸芯上端穿过已点样品的层析滤纸中间圆孔，下端的竖条向四周散开，浸在小培养皿的展层剂中。盖上另一个大培养皿，形成一个相对密闭的空间，进行展层。展层结束后（一般展层半径不小于 9 cm），取出滤纸，去除纸芯，将展层的外围用铅笔做一标记后，吹干；

（4）染色和显色。将滤纸用 0.5 %茚三酮染色液均匀浸透，热风吹干，显色（氨基酸与茚三酮加热反应，生成蓝紫色化合物）；

（5）实验结果。用铅笔画出氨基酸色谱条带的边框，找出中心点，计算 R_f 值。与已知的标准丙氨酸和谷氨酸 R_f 值进行比较，指出不同样品中色谱条带所对应的氨基酸，并根据结果解释转氨基作用。

【注意事项】

1. 由于人皮肤表面含有氨基酸，因此在接触层析滤纸时，需带手套操作，以免造成滤纸污染。

2. 点样时，每个样品使用一支毛细管，注意不要交叉感染。

3. 在滤纸上划线时，建议用铅笔轻柔操作，避免污染和破坏滤纸的纹理结构。

【思考题】

1. 为什么匀浆时要在冰浴中操作？

2. 对照管 2 充分煮沸的目的是什么？

3. 影响纸层析中样品迁移率的主要因素有哪些？

4. 层析结果背景过高（泛红或局部不洁）的可能原因是什么？

【参考文献】

1. 于自然，黄熙泰，李翠风. 生物化学习题及实验技术. 化学工业出版社，2008，321-323.

2. 张宝珠，赵玉红，李欣等.“转氨基作用”实验方法的改进. 实验室科学，2012，15（1）：111-114.

实验十一　SDS－聚丙烯酰胺凝胶电泳法检测蛋白质纯度

【实验目的和要求】

1. 学习 SDS－聚丙烯酰胺凝胶电泳的基本原理；
2. 掌握 SDS－聚丙烯酰胺凝胶电泳检测蛋白质纯度的方法。

【实验背景和原理】

1. 背景知识

蛋白质是两性电解质，在一定的 pH 条件下解离而带电。当溶液的 pH 小于蛋白质的等电点时，蛋白质带正电，在电场中向负极移动；当溶液的 pH 大于蛋白质的等电点时，蛋白质带负电，在电场中向正极移动。

蛋白质在特定电场中移动的速度取决于其本身所带净电荷的多少、蛋白质大小、分子形状和电场强度等。

SDS－聚丙烯酰胺凝胶电泳（sodium dodecyl sulfate polyacrylamide gel electrophoresis，简称 SDS－PAGE），是应用非常广泛的一种蛋白定性分析技术，特别适用于蛋白

质纯度检测和分子量测定。不同浓度的丙烯酰胺凝胶可分离不同分子量大小的蛋白质，参见表 11-1。

表 11-1　不同浓度丙烯酰胺凝胶分离蛋白质分子量的范围

分子量范围	适用的凝胶浓度（%）
$<10^4$	$20 \sim 30$
$(1 \sim 4) \times 10^4$	$15 \sim 20$
$4 \times 10^4 \sim 1 \times 10^5$	$10 \sim 15$
$(1 \sim 5) \times 10^5$	$5 \sim 10$
$>5 \times 10^5$	$2 \sim 5$

2. 实验原理

　　SDS－PAGE 是以聚丙烯酰胺凝胶为支持介质的常用电泳技术，可根据蛋白质亚基分子量的不同，分开蛋白质。在样品介质和聚丙烯酰胺凝胶中加入十二烷基硫酸钠（SDS），SDS 是一种阴离子表面活性剂，能断裂蛋白质分子内和分子间的氢键，使分子去折叠，破坏蛋白质分子的二、三级结构，消除了蛋白质之间的结构差异。而样品处理时加入的强还原剂如巯基乙醇，又使蛋白质分子内的二硫键被还原，蛋白质分子被解聚成多肽链，肽链完全伸展，与 SDS 结合形成带有负电荷的、棒状结构的蛋白质－SDS复合物，由于所带负电荷大大超过蛋白质分子原有的电荷量，消除了不同蛋白质间所带电荷的差异。聚丙烯酰胺凝胶是网状结构，具有分子筛效应，蛋白质在电泳中的迁移率只与分子量大小有关。

聚丙烯酰胺凝胶由单体丙烯酰胺（Acr）和甲叉双丙烯酰胺（Bis）在催化剂作用下，聚合而成。在聚合过程中，N，N，N'，N'－四甲基乙二胺（TEMED）催化过硫酸铵（AP）生成硫酸自由基，硫酸自由基的氧原子激活 Acr 单体并形成 Acr 单体长链，Bis 在 Acr 长链之间形成交联，形成三维网状结构的凝胶。

本实验采用不连续凝胶系统，上层胶为大孔径的浓缩胶（浓缩效应），下层胶为小孔径的分离胶（分子筛效应）。

电泳开始后，在浓缩胶中 HCl 解离成氯离子，甘氨酸解离出少量的甘氨酸根离子，蛋白质带负电荷，一起向正极移动。其中氯离子最快，甘氨酸根离子最慢，两者之间形成导电性较低的区带，蛋白质分子在介于二者之间泳动。由于导电性与电场强度成反比，这一区带便形成了较高的电压梯度。由于浓缩胶凝胶浓度小，孔径大，蛋白质受到的阻滞小，不同的蛋白质就在高电压梯度作用下，聚集到一起，在两层凝胶的界面处浓缩为一条狭窄的条带。

当蛋白质进入分离胶后，氯离子完全电解且很快达到正极，甘氨酸根离子解离度加大，迁移速度很快超过蛋白质，到达正极，原先的电位梯度消失，只有蛋白质分子在分离胶中较为缓慢的移动。由于聚丙烯酰胺的分子筛作用，蛋白质分子量愈小，愈易通过凝胶孔径，迁移地速度愈快；反之，愈慢，不同分子量的蛋白质在同一电场中达到有效地分离。根据蛋白条带数量，判断蛋白质的纯度，并依据分子量蛋白 Marker，推测每种蛋白质的分子量大小。

【实验材料】

1. 试剂

（1）30 %丙烯酰胺凝胶：将 30 g 丙烯酰胺和 0.8 g 甲叉双丙烯酰胺溶于 80 mL 水，定容至 100 mL。8 层纱布过滤，4℃保存。

（2）1.5 mol/L 分离胶缓冲液（pH 8.8）：将 18.15 g Tris 溶于 80 mL 水，用 6 mol/L HCl 调 pH 至 8.8，定容至 100 mL。

（3）0.5 mol/L 浓缩胶缓冲液（pH 6.8）：将 6 g Tris 溶于 80 mL 水，用 6 mol/L HCl 调 pH 至 6.8，定容至 100 mL。

（4）10 % SDS：1 g SDS 溶于 10 mL 水。

（5）10 % AP：1 g AP 溶于 10 mL 水。

（6）电极缓冲液：将 1 g SDS、3 g Tris、15 g 甘氨酸溶于 1000 mL 水。

（7）上样缓冲液

0.5 mol/L Tris－HCl(pH 6.8)	1.25 mL
50％甘油	4 mL
10％SDS	2 mL
巯基乙醇	0.4 mL
0.1％溴酚蓝	0.4 mL

加水定容至 10 mL

（8）低分子量蛋白 Marker：冷冻干燥的六种蛋白质混合物（单位：道尔顿）

兔磷酸化酶 B（97,400）
牛血清白蛋白（66,200）

兔肌动蛋白（43,000）

牛碳酸酐酶（31,000）

胰蛋白酶抑制剂（20,100）

鸡蛋清溶菌酶（14,400）

（9）0.25％考马斯亮蓝 R－250 染色液：将 2.5 g 考马斯亮蓝 R－250 溶于 250 mL 无水乙醇、80 mL 冰乙酸、670 mL 水中。

（10）样品

2 mg/mL 牛血清白蛋白：将 2 mg 牛血清白蛋白溶于 1 mL 0.5 mol/L Tris－HCl（pH 6.8）或水，加入 1 mL 等体积上样缓冲液，100℃，煮沸 5 min。分装，30 μL 每管，-20℃冻存。2 mg/mL 溶菌酶配制方法同上。

2. 主要仪器及耗材

垂直板电泳槽、电泳仪、移液器、玻璃板（一长一短）、制胶架、0.75 mm 梳子、微波炉、染色盒、100 mL 烧杯 3 个等。

【实验步骤】

1. 装板

取一长一短两块玻璃板清洗干净、晾干，长玻璃板两侧凸起的磨砂面儿对齐短玻璃板，放入绿门中，二者底端齐平，夹紧。短玻璃朝向自己，放在垫有封条的制胶架上，固定。

2. 制胶

配制 12 % 的分离胶（见表 11-2），将凝胶混匀后注入玻璃板夹层中，距离上端约 2 cm，凝胶上方加满蒸馏水封胶，待其凝固（凝胶与水之间有一明显分界线）。

表 11-2　12 %分离胶的配制

试剂	体积（mL）
Acr/Bis 30 %	4.0
1.5 mol/L Tris－HCl pH 8.8	2.5
10 % SDS	0.1
10 % AP	0.1
H_2O	3.3
TEMED	0.006

倒掉凝胶上方的双蒸水,残余的少量水用滤纸条吸干,短板朝向自己。配制 5 %的浓缩胶（见表 11-3），注满玻璃板夹层，插入梳子，待其凝固。

表 11-3　5 %浓缩胶的配制

试剂	体积（mL）
Acr/Bis 30 %	1.7
1.5 mol/L Tris-HCl pH 6.8	2.5
10 % SDS	0.1
10 % AP	0.1
H_2O	5.6
TEMED	0.008

3. 加样

将玻璃板从绿门中取出，短玻璃板朝里，转移至垂直板电泳槽内的电极固定架上，另一侧装入挡板或是同样制好的凝胶。在中间夹层中倒入电极缓冲液，检漏。将电极固定架放回垂直板电泳槽，加入电极缓冲液，内槽没过短板，外槽没过电极丝。双手食指上抬，拔出梳子。取 10～20 μL 处理好的蛋白样品，加样。

4. 电泳

接上电源，起始用低电压 80 V，待样品完全走出浓缩胶，浓缩成一条线后，再加大电压 120～160 V，待溴酚蓝指示剂到达凝胶底部约 1 cm 时，停止电泳。

5. 染色、脱色

取出玻璃板，轻轻撬开，取出凝胶切角做标记，放入染色盒中。用水冲洗凝胶，去水，倒入染色液，没过凝胶，盖上盖子，微波炉加热染色 2 min 或室温染色 10 min。倒掉染色液，用水冲洗掉浮色，加入约 2/3 盒体积的水，微波炉加热脱色，直至蛋白条带清晰。

6. 凝胶成像

打开凝胶成像仪，扫描成像，保存并拷贝图片。结合蛋白 Marker，对电泳结果进行分析。

【注意事项】

1. 为使胶背景干净，玻璃板要清洗干净。装板时，两块玻璃板的底端一定要齐平，否则与封条间留有明显的缝隙而漏液。

2. 制胶时，一定要将配制的浓缩胶、分离胶体系混匀后，再灌胶。注意浓缩胶和分离胶的缓冲液 pH 不同，一定不要混淆加错。灌胶和插梳子时应避免产生气泡。

3. 加样时，移液器枪头对准加样槽，缓缓加入，小心污染其他泳道。

4. 电泳前，向电极固定架中间夹层（内槽）中注入电极缓冲液，进行检漏，注意短玻璃板朝内。

5. 染色时，注意染色液要没过胶面。

6. 脱色时，水量控制在不少于染色盒体积的 2/3，尤其脱色时间较长时，随时观察水量多少，严禁水煮干。建议新配的染液，加热脱色 2 次，每次 15 min。

【思考题】

1. 浓缩胶与分离胶的作用机制各是什么？

2. 分离胶灌注完毕，以蒸馏水封闭的作用是什么？

【参考文献】

1. 李静媛，赵方圆. 基于 SDS－PAGE 对蜂蜜中蛋白质的研究. 食品科技，2018，43（3）：288-293.

2. 叶长春. SDS－聚丙烯酰胺凝胶电泳染色方法的改进. 湖北工业大学学报，2009，24（4）：16-18.

附录　常见生化仪器的使用及其注意事项

一、移液器

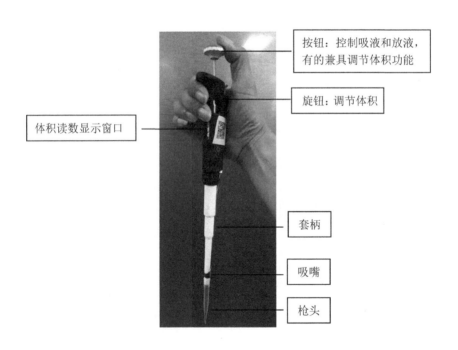

体积读数显示窗口

按钮：控制吸液和放液，有的兼具调节体积功能

旋钮：调节体积

套柄

吸嘴

枪头

操作规程

1. 选择合适量程的移液器。每支移液器标注有最大量程，常见的有：20 μL、200 μL、1000 μL。若无特殊标注，一般不同量程的移液器取液范围如表 1 所示。

表 1　不同量程移液器的取液范围

移液器规格（μL）	最小取液体积（μL）	最大取液体积（μL）
2	0.2	2
20	2	20
200	20	200
1000	100	1000

2. 设定移液体积。初始微调，注意不要超出移液器最大量程，调节刻度至设定体积。不同量程、同一刻度值代表不同的体积数，见图 1。

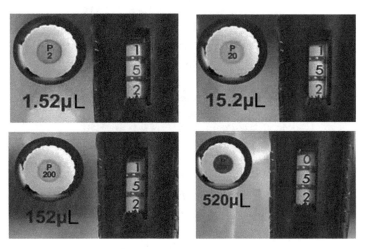

图 1　不同量程、同一刻度值代表不同的体积数（图片来自互联网）

3. 装配移液器枪头。不同量程的移液器，需装配不同规格的枪头使用（见图2）。

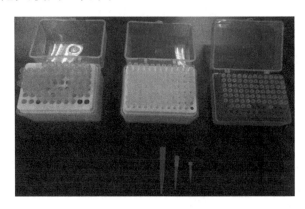

图2　不同规格的枪头

插枪头时，将移液器垂直插入枪头中，手腕稍微用力左右转动即可（见图3）。

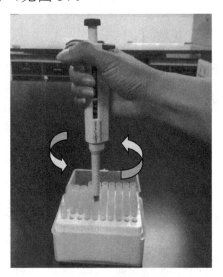

图3　装配枪头操作

4. 吸液和放液。将按钮按到第一档，枪头没过液面，释放按钮，吸液。放液时先按下第一档，放出大部分液体，再按下第二档，将余液排出。移液时，手拿移液器操作见图4。

图4　手拿移液器取液操作

使用注意事项

1. 插枪头时，将移液器垂直插入枪头中，稍微用力左右转动即可。不能用移液器反复撞击枪头，长期操作会导致移液器中的零部件因强烈撞击而松散，甚至会导致调节可读的旋钮卡住。

2. 设置容量时不可超过最大量程。否则易卡住机械装置，损坏移液器。

3. 吸液速度要缓慢，太快会产生反冲和气泡，移液体积不准确。

4. 使用完毕，将移液器调回最大量程。否则内部弹簧长期处于压缩状态，影响取液精确度。

5. 当移液器枪头里有液体时，切勿将移液器水平放置或倒置，以免液体倒流腐蚀活塞弹簧。

6. 吸液时，枪头不可离开液面。

二、Eppendorf 5418 小型台式高速离心机

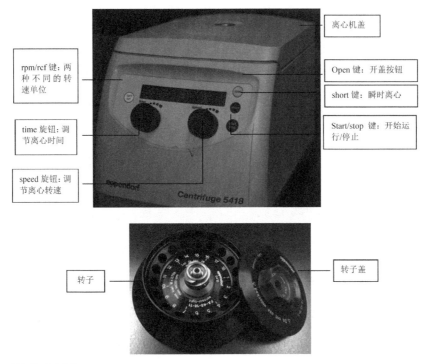

rpm/rcf 键：两种不同的转速单位

离心机盖

Open 键：开盖按钮

short 键：瞬时离心

time 旋钮：调节离心时间

Start/stop 键：开始运行/停止

speed 旋钮：调节离心转速

转子

转子盖

操作规程

1. 打开电源开关。

2. 按 rpm/rcf 键，切换转速单位。

3. 旋转 speed 旋钮，调节离心转速。

4. 旋转 time 旋钮，调节离心时间。

5. 将配平的离心管做好标记，对称放入转子，拧上转子盖，按 start 键，启动离心机。

6. 离心结束，按 open 键，打开离心机盖，拧开转子盖，取出离心管。

7. 拧上转子盖，盖上离心机盖，关机。

使用注意事项

1. 工作转速在允许范围内，本离心机 1.5 mL 转子，最大转速 14000 rpm。

2. 离心管配平，且对称放置。

3. 拧紧转子盖，防止离心管飞出。用手指触摸转子与转盖之间有无缝隙，如有缝隙要拧开重新拧紧，直至确认无缝隙方可启动离心机。

4. 转子盖不用时摆放在离心机的平台或实验台上，千万不可不拧紧浮放在转头上。

5. 发现异常，立即按 stop 键停止运转。若离心机正常运转，不需按 stop 键，离心机计时结束会自动降速至停止运转。

6. 离心结束后，在离心机停止转动后，方可打开离心机盖，取出样品，不可用外力强制其停止运动。

7. 本离心机不带有制冷功能，只适于常温高速离心。

三、Hettich Mikro 台式高速冷冻离心机

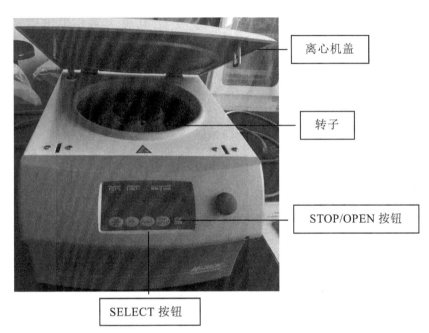

离心机盖

转子

STOP/OPEN 按钮

SELECT 按钮

操作规程

　　1. 打开电源开关。

　　2. 按 ⊡STOP/OPEN⊡ 按钮，打开盖子。

　　3. 将配平的离心管对称放入离心机。

　　4. 轻轻下压盖子前面边缘，盖子被自动锁上。

　　5. 选择"SELECT"按钮，选择不同的参数，再按一次，选择下一项参数，设置转速、时间、温度等。

6. 设置参数后，***OK***出现在显示屏上，按 键保存设置。

7. 选择 ![START IMPULS] 键，开始离心。

8. 离心完毕，取出离心管，关闭电源，离心机敞盖放置。

使用注意事项

1. 使用前离心管一定要配平，且对称放置。

2. 本离心机 50 mL 转子，最大转速 6000 rpm，1.5 mL 转子，最大转速 14000 rpm，离心时请不要超过最大转速；

3. 离心时若发现有异常情况，连按两次 ![STOP OPEN] 按钮，可以触发紧急停止。

4. 离心机在预冷状态时，离心机盖必须关闭。

5. 离心后请关闭电源，离心机敞盖放置。

四、722S 可见分光光度计

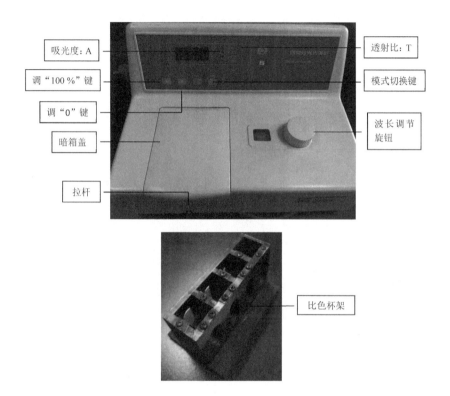

吸光度：A

调"100%"键

调"0"键

暗箱盖

拉杆

透射比：T

模式切换键

波长调节旋钮

比色杯架

操作规程

1. 开机，为使测定稳定，仪器至少预热 20 min。

2. 调节波长旋钮，设定检测波长（λ）。

3. 调 0 和 100%。用空白溶液做参比，模式为 T（透射比），开盖调"0"（比色杯暗箱盖打开，光路被切断，光电管不受光照），闭盖调"100%"（光线 100% 透过参比）。

重复 3 次，至仪器读数稳定。

4. 测定。模式切换到 A（吸光度），轻轻拉动比色杯架拉杆，使样品进入光路，读吸光度值。

5. 切断电源，将比色杯取出洗净、晾干。

使用注意事项

1. 为了防止光电管疲劳，在仪器预热和不测定时，应将暗箱盖打开，切断光路。

2. 改变波长或测定一段时间后，要重新调"0"和"100"。

3. 选择适当的参比溶液作空白，尽量与样品溶剂保持一致。

4. 控制吸光度在 0.2～0.8 之间，若高于此范围，可将样品适当稀释。

5. 比色杯的使用：

（1）拿比色杯时，要拿毛面，不要碰触光面。

（2）测定溶液吸光度时，一般用该溶液润洗比色杯内壁几次，以免改变溶液浓度。

（3）盛装溶液高度为比色杯高度的 2/3 为宜。

（4）比色杯外壁的液体用擦镜纸擦干后，再放入仪器检测。

（5）为避免试剂残留对比色杯造成的污染，使用完毕后，立即用清水冲洗干净。

（6）如若溶液为易挥发性有机溶剂，则应加盖后，再放入仪器检测。

五、NanoDrop 2000c 超微量分光光度计

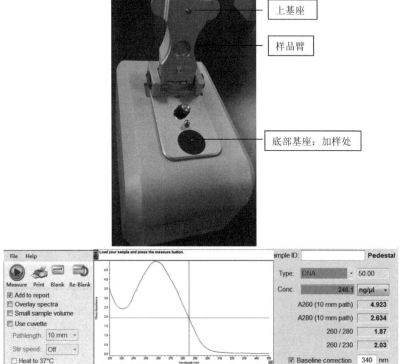

操作规程

1. 用 USB 连接线将 NanoDrop 2000c 仪器与电脑相连，连接电源、开机。

2. 双击桌面上 NanoDrop 2000 软件图标，并在右栏中选择 Nucleic Acid 或 Protein。

3. 使用合适的缓冲液建立一个空白对照：抬起样品臂，取 2 μL 空白液加到底部基座上，放下样品臂，并点击"Blank"。

4. 使用干净无尘纸把上、下基座的空白液擦干净，在右侧位置输入样品名称并设定相关参数，取 2 μL 样品加到底部基座，点击"Measure"，进行吸光度值检测。

5. 使用干净的无尘纸擦掉上、下基座上的样品，即可用于下一个样品检测。

6. 最后取 2 μL dd H_2O 加到基座上，反复清洗上、下基座 2～3 次，然后用干净的无尘纸擦干净。

7. 关机。

使用注意事项

1. 样品臂轻抬轻放。

2. 使用干净的擦镜纸，擦拭上、下基座，避免交叉污染。

3. 虽然没必要在做每个样品之前都做空白对照，但建议在做一种样品检测 30 min 后重做一次 blank 操作。

六、TECAN infinite F50 酶标仪

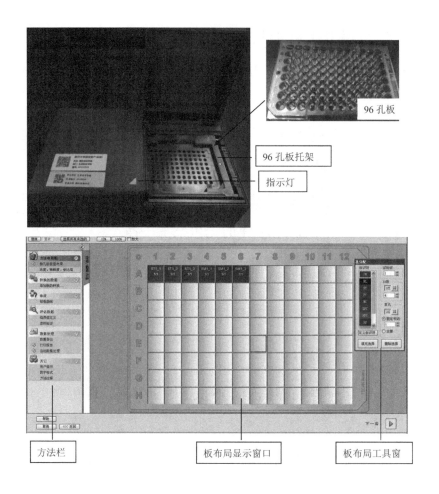

96 孔板

96 孔板托架

指示灯

方法栏　　　　　板布局显示窗口　　　　板布局工具窗

操作规程

　　1. 启动计算机，打开酶标仪电源，仪器正面左侧的绿色三角形电源指示灯会闪烁，仪器自检。

2. 创建方法：

（1）运行"Magellan for F50"软件。

（2）选择"创建/编辑方法"，点击右下绿色三角形图标，继续。

（3）在左上角选择"新建"，点击"进行选择"，出现"测量参数"界面。

（4）设置参数：

①板定义：一般选择"cos96ft—coring 96 Flat Transparent"。

②将左侧"操作—摇动"选项拖入中间工作流程窗格，一般选择"5秒、Normal"，点击"等待几秒钟"，一般选择"3s"。

③在"吸光度"中选择需要的波长，点击右下角"选择测定参数"，显示板布局窗口。

（5）设置板布局：

①空白对照（BL）。在"孔分配"中，"标识符"中选择"BL"，"实验组"选择"1"，"复孔"选择"全部"，点击选择孔的排列方向（水平或竖直箭头），选择相应的孔双击或"填充选择"（若误选，可点击右键取消填充）。

②阴性对照（NC）。选择"NC"，其他操作同①。

③标准品（ST）。选择"ST"，"实验组"选择"1"，

"ID 数"选择"1","复孔"选择"固定号码",输入每个标准品的复孔数,点击选择孔的排列方向,填充相应的孔。

④样品(SM)。选择"SM",其他操作同上③。

(6)设置"空白消减":在控制栏中点击"转换的数据—添加新的转换…"以定义空白消减。

(7)设置"浓度/稀释度/参比值定义":选择"方法布局图—浓度/稀释度/参比值",选择相应的标示符,并设置相应的浓度和单位或稀释度。

(8)设置"标准曲线":

①选择"浓度—标准曲线"。

②"数据"选项卡,将"输入数据"定义为"空白扣除"。

③"分析类型"选项,选择"线性回归",外推因子一般设为"3"。

④"轴"选项,设置 X 轴和 Y 轴的形式,其中"X 轴标记"一般设为浓度单位,"Y 轴标记"一般设为"空白扣除",选择"自动选择范围"和"栅格"。

⑤"图形"选项,自定义"标题、曲线、字体"的显示形式。

(9)打印报告:

①选择"数据处理—打印报告"。

②"数据选择"选项：将"打印为"改为"矩阵"，将右侧默认的"垂直列表—差值"删除，保留"数据收集—测量参数"，再将左侧可用数据中的"方法布局图—布局""转换的数据—空白扣除""浓度—单一浓度或平均浓度""标准曲线"等添加到右侧"选定数据"中。

（10）数据导出：选择"数据处理—数据导出"，将左侧"可用数据"中的"布局""差值"等添加到右侧"选定数据"中。

（11）自动数据处理：选择"数据处理—自动数据处理"，选择"导出到 ASCⅡ码文件"和"测定之后查看结果"，点击下一步，保存新创建的方法。

3. 读取数据：

（1）放入 96 孔板，A1 孔处于左上角，盖上酶标仪盖子。

（2）运行新创建的方法，仪器开始读取数据。

（3）点击文件，导出 ASCⅡ码文件。点击文件，导出 Excel。

（4）点击下一步，保存评估结果。

4. 退出"Magellan for F50"，弹出微孔板托架，取出 96 孔板。关闭酶标仪电源，进行数据处理和分析，最后关闭电脑电源。

使用注意事项

1. 放置微孔板托架时，A1 孔应处于左上角。仪器在弹出、吸入微孔板托架时，请不要阻挡或推进。

2. 测定时，要取下微孔板的盖子。检测完毕，及时取出微孔板。

3. 孔中溶液量过少会形成曲面，导致结果不准确，而溶液量过多，则可能在摇动微孔板时溢出。

4. 指示灯给出的设备状态信息：绿闪烁表示设备未连接 Magellan。绿色表示已连接设备并可以测定。红色表示测定进行中，勿打开盖子。

5. 谨防液体流到设备上。

七、高效液相色谱仪

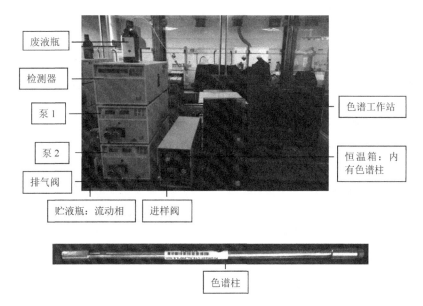

操作规程

1. 打开电源、开机。

2. 双击桌面"ECOMAC"图标，进入色谱工作站。

3. 点击"⬙"图标，进行仪器自检。

4. 打开排气阀，点击图标"🗋"，将泵 COM3、泵 COM4 的流速分别设为 5 mL/min，点击 on，开泵，排除管路中的气泡。

5. 点击 off，关泵，且将泵的流速设为 0 mL/min。关闭排气阀，调节泵 COM3、泵 COM4 的流速，用与流动相相同比例的甲醇：水走基线至少 20 min。

6. 点击 off，关泵。将泵 COM3、泵 COM4 的管路切换到相应的流动相，打开排气阀，调节流速为 5 mL/min，检查是否存在气泡。

7. 点击 off，关泵，且将泵的流速设为 0 mL/min。关闭排气阀，调节泵 COM3、泵 COM4 的流速，调节检测器 COM1 中的检测波长，点击 on，运行，用流动相走基线至少 20 min，至其稳定。

8. 进样阀为六通阀，在 load 状态下，用进样针进样，然后迅速恢复到 inject 状态，工作站自动计时开始。

9. 检测完毕，点击"STOP"，进行数据采集。

（1）file-----save as------*.ch 文件

（2）*.ch 文件下----file-----export-----*.cdf 文件-----Absorbance-----ok

10. 用 90∶10 的甲醇：水，进行至少 30 min 的柱清洗。

11. 最后用纯甲醇，进行至少 20 min 柱清洗。

使用注意事项

1. 样品、流动相经过 0.45 μm 的针头滤器过滤，0.22 μm 真空抽滤、脱气处理。

2. 实验所用水均为 dd H_2O，甲醇、乙腈均为色谱纯。

3. 运行中，总流速最大不超过 1 mL/min。

4. 关闭排气阀后，建议将泵的流速降为 0 mL/min，以防操作不当，流速太大，损坏柱子。

5. 参数设置检查无误后再运行。

6. 进样时，注意排除进样针内的气泡。

7. 为延迟检测器内灯光源的寿命，建议冲洗柱子时关闭检测器光源。

八、Syngene G：BOX 凝胶成像系统

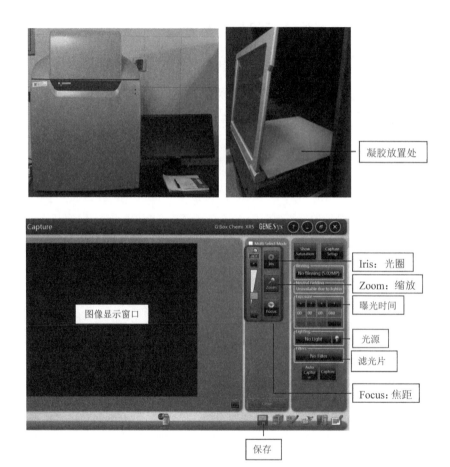

凝胶放置处

Iris：光圈

Zoom：缩放

曝光时间

光源

滤光片

Focus：焦距

图像显示窗口

保存

操作规程

1. 打开暗箱后面的电源。

2. 打开电脑，双击图标"Genesys"，启动系统。

3. 按下成像仪右侧的白色按钮可将暗室门打开，放入

待观察凝胶，将暗室门关闭。

4. DNA 凝胶观察：

（1）将凝胶放入暗室中的黑板上（滤光板抬起）。

（2）点击界面左侧下方"Manual Capture"，进入观察界面。

（3）在界面右侧"Lighting"中选择"Ultra Bright-Blue"。

（4）在界面右侧"Filters"中选择"UV 06"。

（5）调节红色工具框中的 Iris（光圈）\Zoom（缩放）\Focus（焦距）以及曝光时间，用以获得最佳图像。

（6）点击界面右侧下方的"Capture"以获取图像，可调节 Iris\Zoom\Focus 对图像再次调整。

（7）点击右下方第一个功能图标进行保存（默认为系统专有的 sgd 格式，也可选择 jpg 等格式）。

5. 蛋白胶观察：

（1）将白板放在黑板之上（滤光板抬起），将凝胶放于白板上。

（2）点击界面左侧下方"Manual Capture"，进入观察界面。

（3）在界面右侧"Lighting"中选择"Ultra Bright-Blue"。

（4）在界面右侧"Filters"中选择"No Filter"。

（5）其他步骤同 DNA 凝胶观察中（5）～（7）。

6. 使用完毕，关机。

使用注意事项

1. 为保证暗箱中的清洁，拍照后应立即擦拭白板、黑板表面残留的液体。

2. 为延长灯管使用寿命，使用结束后应及时关闭光源，并取走样品。

九、SDS—聚丙烯酰胺凝胶电泳技术

1. 装板

取一长一短两块玻璃板，长玻璃板两侧凸起的磨砂面儿对齐短玻璃板，放入绿门中，二者底端齐平，夹紧。短玻璃朝向自己，放在垫有封条的制胶架上，固定。

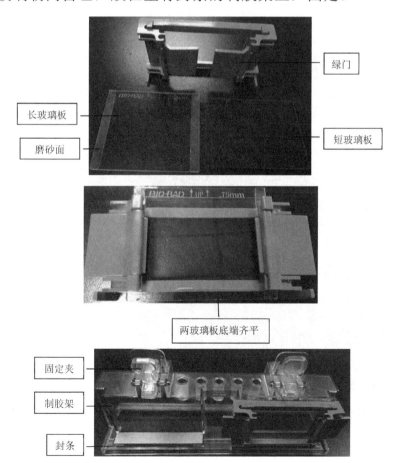

2. 制胶

配制 12 %的分离胶，将凝胶混匀后注入玻璃板夹层中，高度至绿门横梁的下端，凝胶上方加满蒸馏水封胶，待其凝固（凝胶与水之间有一明显分界线）。倒掉凝胶上方的双蒸水，残余的少量水用滤纸条吸干，短板朝向自己。配制 5 %的浓缩胶，注满玻璃板夹层，插入梳子，待其凝固。

分离胶灌胶高度

凝胶与水之间分界线

梳子插入浓缩胶

3. 加样

　　将玻璃板从绿门中取出，短玻璃板朝里，转移至垂直板电泳槽内的电极固定夹上，另一侧装入挡板或是同样制好的凝胶。在中间夹层中倒入电极缓冲液，检查是否漏液。将电极固定架放回垂直板电泳槽，加入电极缓冲液，内槽没过短板，外槽没过电极丝。双手食指上抬，拔出梳子。取 10~20 μL 处理好的蛋白样品，加样。

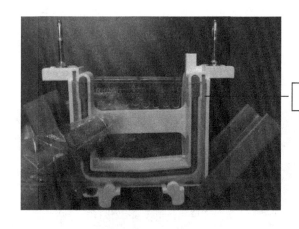

电极固定夹

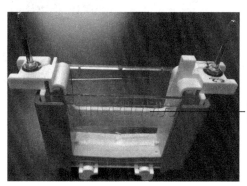

加样泳道

4. 电泳

接上电源，起始用低电压 80 V，待样品完全走出浓缩胶，浓缩成一条线后，再加大电压 120～160 V，待溴酚蓝指示剂到达凝胶底部约 1 cm 时，停止电泳。

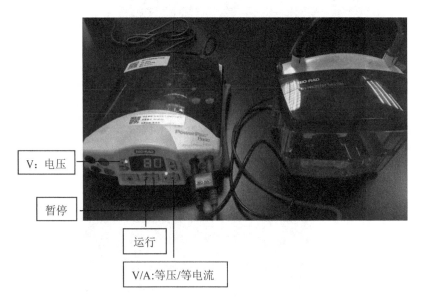

5. 染色、脱色

取出玻璃板，轻轻撬开，取出凝胶切角做标记，放入染色盒中。用水冲洗凝胶，去水，倒入染色液，没过凝胶，盖上盖子，微波炉加热染色 2 min 或室温染色 10 min。倒掉染色液，用水冲洗掉浮色，加入约 2/3 盒高度的水，微波炉加热脱色，直至蛋白条带清晰。

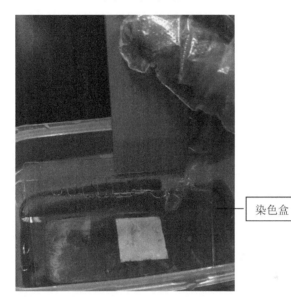

染色盒